O.W. BARTH

Esther und Johannes Narbeshuber

Personal
MINDFULNESS

So gelingt dir eine tägliche
Achtsamkeitspraxis für ein tiefenentspannt
erfolgreiches Arbeitsleben.

Mit heraustrennbarem Trainingsplan
für die praktische Umsetzung im (Berufs) Alltag

O.W. BARTH ✷

Besuchen Sie uns im Internet:
www.ow-barth.de

Aus Verantwortung für die Umwelt hat sich die Verlagsgruppe
Droemer Knaur zu einer nachhaltigen Buchproduktion verpflichtet.
Der bewusste Umgang mit unseren Ressourcen, der Schutz unseres Klimas
und der Natur gehören zu unseren obersten Unternehmenszielen.
Gemeinsam mit unseren Partnern und Lieferanten setzen wir uns für eine
klimaneutrale Buchproduktion ein, die den Erwerb von Klimazertifikaten zur
Kompensation des CO_2-Ausstoßes einschließt.
Weitere Informationen finden Sie unter: www.klimaneutralerverlag.de

Originalausgabe September 2021
© 2021 O. W. Barth Verlag
Ein Imprint der Verlagsgruppe
Droemer Knaur GmbH & Co. KG, München
Alle Rechte vorbehalten. Das Werk darf – auch teilweise – nur mit
Genehmigung des Verlags wiedergegeben werden.
Illustrationen: Nontira Kigle, www.nontirakigle.de
Redaktion: Ralf Lay
Covergestaltung: Alexandra Dohse, www.grafikkiosk.de
Coverabbildung: MLI Salzburg
Satz: Adobe InDesign im Verlag
Druck und Bindung: GCC GmbH & Co. KG, Calbe
ISBN 978-3-426-29318-8

2   4   5   3   1

Inhalt

Anhang 239

Hätte ich damals auch nur eine Ahnung davon gehabt, wie sich unser Leben durch Achtsamkeit verändern würde, hätte ich gleich damit gestartet, als ich das erste Mal davon gehört habe, und nie mehr aufgehört.

Vorbemerkungen

Die Hauptfiguren

Vielleicht hast du unser erstes Buch, *Mindful Leader*, gelesen. Das ist fürs Verständnis dieses Buches überhaupt nicht notwendig, auch wenn wir es natürlich sehr empfehlen. In diesem Fall kennst du Sam und Marie bereits. Sie sind Kollegen und führen dich auch durch dieses Buch.

Sam ist Führungskraft und ist über die Jahre ein echter Experte in Sachen Achtsamkeit geworden. Das hätte er, als er damals kurz vor dem Burn-out stand, selbst niemals gedacht. Auch in diesem Buch kommt das Salzburger Achtsamkeitsmodell (SAM) vor – und ja, die Namensgleichheit zwischen Modell und Protagonist ist beabsichtigt – aber ganz anders als in *Mindful Leader*. Marie ist dabei die, die theoretisch gern noch einen Schritt weiter in die Tiefe geht, Sam ist und bleibt mehr der Praktiker.

Dazu kommen diesmal noch Astrid, Hannah, Reto und Martin, die jeweils ihre persönliche Geschichte erzählen. Von ihnen kannst du dir Tipps und Ideen holen.

Das Farbleitsystem

Um die durchgängige Logik des Buches zu verdeutlichen, gibt es ein Farbleitsystem durch das ganze Buch. Du findest bei allen Übungen, Tools und Tipps ein farbiges Icon, ebenso im beiliegenden Mindfulness Canvas. Blau steht dabei für Fokus & Effizienz, Gelb für Kreativität & Innovation, Rot für Vitalität & Resilienz und Grün für Empathie & Sozialkompetenz. Dazu mehr im Kapitel »Achtsamkeit – was ist das, und was bringt das?«.

Geschlechtergerechte Schreibweise

Auch in diesem Buch sind wir auf den ersten Blick wieder »männlich« unterwegs. Das beginnt bei Sam als männlicher Leitfigur und setzt sich dabei fort, dass wir zugunsten der Lesbarkeit auf eine geschlechtergerechte Schreibweise verzichtet haben. Nun ist das Buch ja auch von einer Frau mitgeschrieben. Daran siehst du schon, dass wir diesen Zugang keineswegs nur aus männlicher Blindheit heraus gewählt haben. Wir sind überzeugt davon, dass unsere Gesellschaft achtsamere Männer *und* Frauen braucht. Es zeigt sich aber noch immer, dass es Frauen leichter fällt, sich diesem Thema zu nähern. Auch wenn die Männer zu unserer großen Freude immer mehr werden, gibt es auch in unseren Seminaren und Trainings nach wie vor eine klare weibliche Mehrheit.
Deshalb möchten wir mit diesem Buch gerade den Männern eine geradlinige, leicht begehbare Brücke bauen. Das ist keineswegs aus Geringschätzung euch gegenüber, liebe Leserinnen. Im Gegenteil.

Anglizismen

Den Verfechtern deutscher Sprache ist vielleicht gerade ein Stein vom Herzen gefallen, dass wir auf Binnen-I, Gender*Sternchen & Co. verzichten. Dafür kommt es jetzt umso dicker: Ja, wir verwenden viele Anglizismen. An manchen Stellen drückt eben nur dieses englische Wort genau das aus, was wir ausdrücken wollen. Dieses Denglisch entspricht auch dem Sprachgebrauch vieler unserer internationalen Kundenunternehmen. Dort wäre es gänzlich schräg, »Besprechung« statt »Meeting«, »Arbeitsaufgabe« statt »To-do« oder gar »elektronische Datenverarbeitungsanlage« statt »Computer« zu sagen :o)
Vor allem aber haben wir Spaß an Sprache und ihrer laufenden, lustvollen Weiterentwicklung. Alles ist im Wandel und im Fluss,

die Gesellschaft, unser Leben und eben auch unsere Sprache. Es wird bunter.

In diesem Sinne: Herzlich willkommen auf dem Abenteuerpfad Achtsamkeit!

Unser Anliegen für dieses Buch

Potenzialentwicklung

Rund fünfzig Menschen, die meisten kannten sich vor zwei Stunden noch gar nicht, sitzen mit offenem Mund und mit Tränen in den Augen in einem Kulturzentrum in Salzburg. Die Tränen kommen halb vom Lachen und halb von einer tiefen Berührung. Nipun Mehta, erfolgreicher Social Entrepreneur und Weisheitslehrer, hat den Saal sofort in seinen Bann gezogen, mit seinen fröhlichen dunklen Augen, die einem auf den Grund der Seele zu blicken scheinen, und mit seinen Geschichten von einer Welt, die gerade im Entstehen ist. In all dem Mist und Chaos, das wir auch zurzeit alle erleben, gibt es Menschen und Unternehmen, die auf Basis von Vertrauen und Großzügigkeit an einer stillen, beschwingten Revolution beteiligt sind, durch die – zumindest (noch) im Kleinen – Leben und Zusammenarbeit radikal anders laufen können.

Johannes und Nipun hatten sich auf einem Retreat unserer gemeinsamen Freunde vom Mind and Life Institut kennengelernt. Es hat sofort zwischen den beiden gefunkt. Das tut es bei Nipun bemerkenswerterweise bei jedem Menschen, den wir bisher getroffen haben. Und so kam er nach Salzburg und erzählt von seinem Leben, seinen Träumen und dem, was er ganz konkret dazu beiträgt. Weltweit. Mit Techies in Palo Alto und Rikscha-Fahrern in Indien. Mit Freiwilligen in San Francisco, Berlin oder Brisbane. Mit Leuten wie Barack Obama, dessen Berater er war, und anderen sehr hochrangigen Menschen aus Politik und Wirtschaft.

Der vom Dalai Lama als »Unsung Hero of Compassion« ausgezeichnete Berkeley-Absolvent hätte sich für eine einträgliche Karriere im Silicon Valley entscheiden können. Stattdessen meditierte er und gründete die Plattform ServiceSpace, die ihre über 500 000 Mitglieder weltweit dazu inspiriert, konkrete kleine Beiträge für die Welt um sie herum zu leisten und sich untereinander zu vernetzen. So rief er beispielsweise einen Nachrichtendienst nur für positive Nachrichten ins Leben, ein Portal für »Acts of Kindness« und die »Karma Kitchen«-Restaurants, in denen man kostenlos essen und für den Nächsten, der kommt, ein Essen spenden kann – aber nicht muss. Karma Kitchens gibt es mittlerweile in 26 Städten weltweit.

Bemerkenswerterweise hat Nipun kein Vermögen und nimmt keine Honorare. Er findet Gandhi inspirierend, der am Ende seines Lebens eine Brille, ein wenig Kleidung und ein Essgeschirr besaß. Und doch (oder auch deswegen?) so viel bewegte.

Keine Sorge: So weit sind wir noch nicht. Dieses Buch ist auch kein Buch über Entsagung und soziale Utopien. Was uns an Leuten wie Nipun berührt und gefällt, ist seine unfassbare Lebendigkeit, Präsenz und Wärme. Der Typ ist sichtbar und spürbar mit sich im Reinen. Und das steckt an. Und darüber, über Lebendigkeit, Präsenz, Wärme und mit uns selbst ins Reine kommen – darum geht es in diesem Buch.

Auch wenn es (hoffentlich) sehr strukturiert und systematisch daherkommt und mit Arbeit verbunden sein wird: Das alles ist für uns kein Selbstzweck. Achtsamkeit hat einen maßgeblichen Einfluss auf unsere Kompetenz, für unser eigenes Wohlbefinden zu sorgen und andere Menschen in ihrer Entwicklung zu fördern. Unsere Vision für dieses Buch besteht darin, dass es dir hilft, immer freier und konsequenter das Leben zu leben, das deinem Potenzial entspricht.

You can change the world
by changing your mind.
Richard Davidson

Volles Programm statt Ruckelbilder in Schwarz-Weiß

Achtsamkeit hilft dir, eine ganze Reihe von Schlüsselkompetenzen zu entwickeln, die in der neuen Arbeitswelt unentbehrlich werden. Auf diese praktische Ebene gehen wir später noch ausführlich ein. Achtsamkeit wird aber nicht nur verändern, was du kannst, sondern auch, wie du dich dabei fühlst.

Um davon eine Idee zu bekommen, stell dir vor, du schaust am Ende deines Lebens zurück. Wie war es? Hast du »dein« Leben gelebt oder das Leben, das andere von dir erwartet haben? War es wie einer der frühen Schwarz-Weiß-Filme, der ein wenig hektisch an dir vorübergeholpert ist? Jedes Silvester kam es dir so vor, als ob dieses Jahr noch viel schneller vorbeigegangen war als die vorherigen?

Oder war dein Leben ein intensives, farbiges Filmerlebnis mit Musik, Emotionen und viel Slow Motion? Und vor allem: mit dir in der Hauptrolle? Es hatte Höhen und Tiefen wie jedes Leben, aber eine Tiefenschärfe und zunehmend gute Momente, die »unter die Haut« gingen. Wenn du dich fragst, welches Lebensgefühl kann dir Achtsamkeit bringen? Genau das. Ein intensives farbiges Leben – immer wieder und immer mehr im Jetzt.

Was macht dieses Buch einzigartig?

Dein persönlicher Trainingsplan

Das Thema »Mindfulness« ist mittlerweile in der breiten Öffentlichkeit angekommen. Hunderttausende Menschen sind heute grundsätzlich vom Sinn und Mehrwert einer persönlichen Achtsamkeitspraxis überzeugt. Viele von ihnen, die allermeisten, haben jedoch den Schritt von der theoretischen Überzeugung in die tatsächliche praktische Umsetzung noch nicht zu ihrer eigenen Zufriedenheit geschafft. Genau hier setzt dieses Buch an.

Basierend auf dem Salzburg Mindfulness Canvas, das sich in vielen Trainings und Unternehmen bewährt hat, führt das Buch Schritt für Schritt zur Entwicklung eines persönlichen Trainingsplans, der folgende Aspekte berücksichtigt:

- Welchem persönlichen Anliegen möchtest du deine eigene Praxis widmen?
- Welche Achtsamkeitstechniken leiten sich aus diesem Anliegen ab?
- Wie kannst du deine Praxis aufbauen, dass sie ein selbstverständlicher Bestandteil deines Alltags wird, so wie Waschen und Zähneputzen?

Dazu haben wir die sogenannte Habit-Formation-Forschung ebenso einfließen lassen wie die Erkenntnisse aus Hunderten Gesprächen und Interviews, die wir im Lauf der Jahre zu genau diesen Fragen geführt haben.

Mindfulness und Digitalisierung

Das Thema »Digitalisierung« bekommt in diesem Buch besondere Aufmerksamkeit. Warum?

- Digitalisierung fordert uns in der täglichen Arbeit permanent heraus – begonnen bei der Ausrichtung der eigenen individuellen Aufmerksamkeit bis hin zur Zusammenarbeit in globalen virtuellen Teams.
- Digitalisierung hat massive körperliche, neurobiologische und soziale Auswirkungen auf uns. Digitale Süchte, Vereinsamung und sekundäre Aufmerksamkeitsstörungen sind auf der Überholspur.
- Digitalisierung bietet beachtliche Chancen und Erleichterungen bei der Entwicklung einer zeitgemäßen Achtsamkeitspraxis.

Achtsamkeit – was ist das, und was bringt das?

Achtsam – eine erste Arbeitsdefinition: JOMO statt FOMO und ach ja: YOLO nicht vergessen

»Mist, hab diesen super Konzert-Live-Stream verpasst – FOMO.« Das konnten wir in letzter Zeit häufig auf Twitter lesen. »FOMO« steht für *Fear Of Missing Out*. Achtsamkeit ist in gewisser Weise das Gegenteil: JOMO – *Joy Of Missing Out*. Es beschreibt die positiven Dinge, die damit zusammenhängen, nicht dauerhaft online zu sein. Sich bewusst eine Auszeit zu nehmen und die sozialen Medien oder andere Stressauslöser für eine Weile sich selbst zu überlassen. Aber was ist Achtsamkeit eigentlich genau? Es gibt viele wissenschaftliche oder traditionelle Definitionen. An allen ist was dran, aber die meisten scheinen uns für Einsteiger eher kompliziert. Wir wollen es hier bewusst einfach und praxisorientiert angehen. Letztlich geht es darum mitzukriegen, dass dein Leben *jetzt* stattfindet und du eins nicht vergisst: YOLO – *You Only Live Once*. (Okay, wir haben Freunde, die das auch anders sehen. Aber darüber wollen wir hier nicht streiten. :o)

Was ist UN-achtsam?

Vielen von uns fällt es leichter, die Frage zu beantworten, was *nicht* achtsam ist. Dazu ein Anschauungsbeispiel aus einem klassischen Arbeitsalltag: Team-Meetings wie dieses kennen die meisten von uns. Alle haben ihren Körper im Meeting-Raum abgesetzt oder sich ins virtuelle Meeting eingewählt. Körperliche Abwesenheit würde ja auch auffallen.

Geistige und emotionale Abwesenheit ist weniger auffällig. Und wird meistens auch nicht groß thematisiert. Und so haben die einen auf Durchzug geschaltet, andere sind in der Elektronik versumpft. In Gedanken sind sie schon im nächsten Meeting, bei ihren Mails, bei all den To-dos, die heute noch zu erledigen sind, irgendwo anders oder einfach erschöpft im Stand-by-Modus.

Unbefriedigend besonders für den, der gerade spricht – aber irgendwie auch für alle anderen. Die Harvard-Studie »A Wandering Mind Is an Unhappy Mind«[1] illustriert, warum solche Meetings für alle Beteiligten kraftraubend, ermüdend und noch dazu überraschend unproduktiv sind. Wir zahlen einen hohen Preis dafür, wenn wir halblebig und abgelenkt durch unsere Arbeitsleben stolpern – gesundheitlich, emotional und wirtschaftlich.

Dazu gleich mehr.

Der innere Lichtschalter

Achtsamkeit beginnt damit, dass wir den inneren Lichtschalter betätigen. Im Grunde können wir jederzeit die Entscheidung treffen, unsere Aufmerksamkeit ganz zurück in den gegenwärtigen Moment zu bringen. Wir können geistesabwesend im Team-Meeting hocken und warten, bis es vorbei ist oder – Lichtschalter an – komplett dabei sein. Mit unserem Körper, unserer intellektuellen Brillanz, unserer Neugier, unseren Emotionen, unserem Bauchgefühl … kurz: Mit allem, was uns ausmacht.

Die Taschenlampe ausrichten

Wenn wir in Schritt 1 den inneren Lichtschalter betätigt haben, können wir entscheiden, wohin wir den Scheinwerfer der Taschenlampe unserer Aufmerksamkeit ausrichten.

Wir können ihn zum Beispiel auf unser eigenes Innenleben richten und aufmerksam ausleuchten …:

- Was denke ich mir gerade? (Zum Beispiel: »Mein Gott, jetzt brüllt dieser Idiot hier schon wieder rum!« …)
- Was nehme ich in meinem Körper wahr? (Zum Beispiel verspannte Schultern, leichten Kopfschmerz …)
- Wie ist meine Stimmung und Emotionalität gerade? (Zum Beispiel müde, genervt, ärgerlich …)
- Welche Impulse verspüre ich, wie ich mich in der Situation verhalten will? (Zum Beispiel den lauten Kollegen auflaufen lassen, mich innerlich zurückziehen …)

Wir können unsere Taschenlampe aber auch auf unsere Umgebung richten. Beispielsweise auf den Kollegen, der gerade aufgesprungen ist:

- Was sehe ich von ihm? (Zum Beispiel roten Kopf, gerunzelte Stirn, Hände auf die Tischplatte gestützt …)
- Was höre ich von ihm? (Zum Beispiel laute, tiefe Stimme, hohe Sprechgeschwindigkeit …)
- Was nehme ich auf der Tonspur wahr? (Zum Beispiel: Was sagt er? Verwendet er kurze, klare Formulierungen oder umständliche? Spricht er die Sätze zu Ende? Welche Begriffe verwendet er? …)

Und schließlich können wir noch wählen, ob wir den Lichtkegel unserer Taschenlampe ganz eng auf ein Objekt ausrichten (zum Beispiel den besagten Kollegen) oder ob wir ihn weiter und weicher stellen. Dann können wir damit den ganzen Raum ausleuchten.

Im Team-Meeting können wir damit Daten sammeln wie zum Beispiel:

- Wie ist hier die Gruppendynamik?
- Wie ist die Stimmung?
- Sind die anderen wach dabei oder abwesend? …

Achtsamkeit = bewusste Ausrichtung unserer Aufmerksamkeit?

Achtsamkeit hat also etwas mit der Fähigkeit zu tun, unsere Aufmerksamkeit bewusst dorthin zu richten, wo wir sie haben wollen.

bewusste   Ausrichtung meiner
                      Aufmerksamkeit

Damit erhalten wir wesentlich mehr, bessere und vielschichtigere Informationen darüber, was gerade los ist. Mit diesen Informationen können wir viel angemessener handeln und entscheiden. Aber ist das schon dasselbe wie Achtsamkeit? Nein – ein wesentliches Element fehlt noch.

Mein Gehirn ist wie mein Internetbrowser: 16 Tabs sind offen, mindestens 3 hängen, und ich hab keine Ahnung, wo die Musik herkommt.
t3n.de

Welches? Dazu laden wir dich zu einem kleinen Gedankenexperiment ein …

Warst du irgendwann in deinem Leben schon einmal ganz und gar im Scheinwerfer der Aufmerksamkeit deines Gegenübers – und der Lichtkegel, in dem du standest, war kühl und distanziert? Du hattest das Gefühl, dass deinem Gegenüber nichts entgeht: Jede Bewegung, jede Unbeholfenheit in deinen Formulierungen, jeder kleine Makel in deinem Äußeren – nichts entging diesem unbarmherzigen kalten Blick.

Wie hast du dich dabei gefühlt? Diese Frage haben wir Hunderten Menschen gestellt. Alle waren sich einig: Das war unangenehm! Wie war deine Reaktion? Bei nahezu allen Menschen, die wir gefragt haben, hat die Antwort etwas mit Abwehr und Widerstand zu tun. Manche ziehen sich innerlich zurück, andere reagieren offen aggressiv. Kein Einziger behauptet ernsthaft, dass die Zusammenarbeit dadurch besser geworden wäre. Dass dadurch mehr Vertrauen, Motivation, Kreativität oder auch nur ein besseres gegenseitiges Verständnis entstanden wäre.

Dein Gegenüber war in dieser Situation wahrscheinlich tatsächlich sehr aufmerksam. Achtsam war es nicht. Was hat gefehlt, fragst du dich? Ja genau: Wohlwollen oder – um in der Metapher des Lichtstrahls zu bleiben – Wärme.

Wir Menschen sind soziale Wesen oder, um es evolutions-
biologisch auszudrücken, Herdentiere. Wir brauchen Aufmerksamkeit **und** Wohlwollen. Das Erleben, gesehen zu
werden **und** willkommen zu sein, dazuzugehören.
Wo das gegeben ist, blühen wir auf, entstehen starke
Teams und herausragende Ergebnisse. Wo das nicht gegeben ist, entstehen Unbehagen, Aggression, Aus-
weichmanöver und Stress.
So einfach ist das – und so wirkmächtig.

Was entsteht im Team-Meeting, wenn wir diesen einfachen Mechanismus nutzen?

1. Lichtschalter an

Wir merken, dass wir in Gedanken abgeschweift waren, und
bringen unsere Aufmerksamkeit zurück ins Hier und Jetzt.

2. Die Taschenlampe ausrichten, um klarer wahrnehmen zu können

Wir sehen den roten Kopf unseres Kollegen, die gerunzelte Stirn,
hören seine laute Stimme und wie schnell er spricht …
Wir bemerken, dass wir gerade denken: »Mein Gott, jetzt brüllt
dieser Idiot hier schon wieder rum!«

Wir spüren unseren Ärger und unseren Impuls, uns einfach aus der Situation zurückzuziehen. Und dennoch lassen wir den inneren Lichtschalter an.

3. Die Lichttemperatur regulieren, um wirksamer zu intervenieren

Wir machen uns für diese Gedanken und Emotionen nicht nieder. Wir nehmen sie einfach mit Neugier und Wohlwollen wahr. Allein dadurch wird es in uns selbst schon wieder etwas entspannter.

Wir bemerken unseren Ärger über den Kollegen. Wir dürfen sein Verhalten weiterhin unangemessen finden. *Und* gleichzeitig erinnern wir uns daran, dass wir ihn auch anders kennen. Ihn in vieler Hinsicht schätzen.

Etwas in unserem Gegenüber wird das spüren. Möglicherweise sogar positiv darauf reagieren. In jedem Fall aber tun wir uns selbst etwas Gutes damit, weil wir nicht mehr so getrieben und reaktiv unterwegs sind (also »mit Licht aus« entweder aktiv zurückbrüllen oder uns passiv in unser Schneckenhaus zurückziehen), sondern wieder klarer, souveräner und damit wirksamer auftreten können.

Wir sehen die Dinge nicht so, wie sie sind.
Wir sehen die Dinge so, wie wir sind.
Anaïs Nin

Für fast alle Menschen, mit denen wir sprechen, ist das unmittelbar nachvollziehbar. Für viele ist der Zusammenhang so offensichtlich, dass sie ihn beinah für banal halten.

Wenn es so offensichtlich ist – warum nutzen wir das nicht viel, viel öfter? Vielleicht, weil wir diesen einfachen Zusammenhang immer wieder vergessen, seine Wirkmächtigkeit unterschätzen – oder einfach ungeübt sind im kompetenten Umgang mit unserer Taschenlampe.

> Die gute Nachricht, die zentrale Nachricht überhaupt für dieses Buch: Wir können das lernen. Uns weniger im Dunkel unseres unbewussten Dahindenkens verlieren. Öfter das Licht anmachen. Dort wohlwollend hinleuchten, wo es hilft.

Achtsamkeit als Basiskompetenz

Achtsamkeit können wir also aus verschiedenen Perspektiven verstehen:

- Achtsamkeit ist ein mentaler Zustand: Achtsam(er) sind wir also jedes Mal, wenn es uns gelingt, unsere Aufmerksamkeit bewusst und wohlwollend auszurichten.
- Achtsamkeit ist die Kompetenz, diesen mentalen Zustand einzunehmen, wenn es darauf ankommt.
- Achtsamkeit ist der Trainingsweg zur Schulung dieser Kompetenz.

Es geht uns dabei in diesem Buch nicht um eine Spitzenkompetenz, sondern um eine Basiskompetenz.

> Mit der Achtsamkeit ist es ähnlich wie mit Sport und gesunder Ernährung: Dass und warum es gut für uns ist, kann man schnell nachvollziehen. Das theoretische Verständnis hilft uns aber gar nichts, solange wir weiterhin von Fast Food leben und Fernsehfußball unsere einzige sportliche Betätigung bleibt.

Wir müssen keine Bewusstseinsakrobaten werden, die mit ihrem Geist ganz Außergewöhnliches zustande bringen, wie eine ganze Nacht lang nackt bei minus 17 Grad im Schnee zu meditieren. Das und viele andere erstaunliche Leistungen sind möglich. Aber darum geht es hier nicht wirklich.

Für unsere langfristige Leistungsfähigkeit im Beruf und für ein langfristig gesundes und glückliches Leben brauchen wir keine Extremsportler oder Gesundheitsfreaks zu werden. Aber ohne regelmäßige sportliche Betätigung als Ausgleich für unsere Bildschirmjobs und ohne eine einigermaßen vernünftige Ernährung wird es nicht gehen – da ist die Forschungslage eindeutig.

Das Gleiche gilt in unserer globalisierten, hyperkomplexen und hoch veränderlichen Arbeitswelt für das Thema »Achtsamkeit«.

Das Leistungsversprechen von Achtsamkeit: Zu Chancen und erwünschten Nebenwirkungen fragen Sie …

Megatrend Mindfulness

Mindfulness ist in aller Munde. Seit den 2000er-Jahren steigt die Anzahl der pro Jahr veröffentlichten Forschungsarbeiten zum Thema »Mindfulness« exponentiell.[2] Allein 2016 absolvierten in den USA rund 35 Prozent aller Beschäftigten Achtsamkeitstrainings, Tendenz seither steigend. Rund 15 Prozent aller Amerikaner haben zumindest schon mal versucht zu meditieren, immer mehr Flughäfen richten Meditationsräume ein. Der Markt für Achtsamkeit wird in den USA auf rund 1,2 Milliarden Dollar geschätzt, und rund 40 Millionen User haben sich die App Headspace heruntergeladen.[3] Geschätzte 15,7 Millionen Deutsche meditieren regelmäßig oder sind zumindest daran interessiert.[4]

Aus unserer Sicht hat dieser Megatrend drei handfeste Gründe:

- *Der Fortschritt der Neurowissenschaften stellt vieles klar.* Auch wenn wir in vieler Hinsicht noch ganz am Anfang stehen: Dank modernster Technologien können wir die Funktionsweise unseres Gehirns und Nervensystems heute mit einem atemberaubenden Detaillierungsgrad nachvollziehen. Es gab Zeiten, da wurde die Idee, dass kleine Lebewesen namens Bakterien für Krankheiten verantwortlich sein könnten, als Hirngespinst abgetan. Oder dass Rauchen der Gesundheit schadet. Heute sind wir da doch deutlich weiter ... Gut, dass es Forschung gibt!

- *Achtsamkeit rechnet sich auch für den Arbeitgeber.* Peter Bostelmann hat es für SAP nachgerechnet: Der Return on Investment von Achtsamkeitstrainings im Unternehmen beläuft sich auf 200 Prozent. Gute Mitarbeiter und Mitarbeiterinnen werden dadurch noch besser. Effizienter, kreativer, belastbarer, teamfähiger. Gründe in Hülle und Fülle für immer mehr Unternehmen, hier konsequent zu investieren.

- *Achtsamkeit wird durch die Digitalisierung unserer Arbeitswelt vom »Nice to have« zum »Need to have«.* Darauf gehen wir im Kapitel »Warum wir Achtsamkeit heute dringender brauchen als je zuvor« noch näher ein.

Allgemeine Effekte von Achtsamkeit und spezifische Effekte je nach Trainingsschwerpunkt

Ein Forschungsteam vom Max-Planck-Institut hat in jahrelanger sorgfältiger Arbeit erstmals systematisch untermauert, was dem oft jahrtausendealten Erfahrungswissen der verschiedenen Weisheitstraditionen entspricht und was wir genau so auch aus anderen Disziplinen kennen, zum Beispiel aus den Sportwissenschaften:

- *Eine regelmäßige Achtsamkeitspraxis führt zu positiven Effekten* (das wussten wir schon). Sinnvolle sportliche Betätigung auch.
- *Manche dieser positiven Effekte entstehen immer, egal, welche Technik wir verwenden.* So wie die allermeisten Sportarten einen positiven Effekt auf das Herz-Kreislauf-System haben, haben die allermeisten Achtsamkeitstechniken einen positiven Effekt auf die Konzentrationsfähigkeit.
- *Andere positive Effekte hängen stark von der Technik ab, die wir verwenden.* In manchen Sportarten werden wir mehr Ausdauer entwickeln als in anderen, in anderen mehr Geschicklichkeit und Körperkoordination, in wieder anderen mehr Schnellkraft. Um unsere Kreativität und einen offenen Geist optimal anzuregen, brauchen wir andere Achtsamkeitsübungen als für die Steigerung unserer Effizienz und wieder andere für die Weiterentwicklung unseres Mitgefühls.

Marie weiß mehr ...

... über das richtungsweisende ReSource Project des Max-Planck-Instituts

Tania Singer, Neurowissenschaftlerin am Max-Planck-Institut, veröffentlichte 2018 die größte Meditationsstudie bisher. Ihre Erkenntnisse zeigen Erstaunliches: Neben einzelnen Effekten, die spezifischen Achtsamkeitsübungen zugeordnet werden konnten, führten alle Meditationsmodule zu einem Anstieg positiver Emotionen sowie einer stärkeren Fokussierung auf das Hier und Jetzt, also einer gestiegenen Konzentrationsfähigkeit und damit einer geringeren Ablenkbarkeit. Auch erhöhte sich bei allen Interventionen die Körperwahrnehmung der Probanden, das heißt die Fähigkeit zu spüren, wie es dem eigenen Körper geht. Dazu wurden von den 241 Teilnehmern des Experiments mit einer beeindruckend niedrige Drop-out-Quote von 8 Prozent rund 90 Maße erhoben: von der Genetik über Hormonwerte, Hirnscans, Verhaltenstests bis hin zu Fragebögen und qualitativen Interviews. Diese Vielfalt erlaubt ganz neue Verbindungsmöglichkeiten: Wie etwa verändern sich durch bestimmte Übungen zugleich Gehirn, Gesundheit und Glücksempfinden? Das erste Modul, »Präsenz«, schult Aufmerksamkeit, Achtsamkeit und Körpergewahrsein und besteht aus den Kernübungen der Achtsamkeitsmeditationen:

Atemmeditation und Bodyscan, also die Konzentration auf den Körper. Eine andere klassische Technik, die Meditation zur liebevollen Güte, findet sich als »Herzmeditation« in dem Modul »Affekt« wieder. Darin schulen die Teilnehmer ihr Mitgefühl und lernen, liebevolle Güte für sich selbst und andere zu entwickeln. Im Modul »Perspektive« schließlich geht es darum zu erkennen, aus welchen Rollen heraus wir handeln, und sich in andere Menschen hineinzuversetzen. Was sich insgesamt zeigte: Konzentrationsfähigkeit hat sich nicht nur nach dem Modul »Präsenz« deutlich gesteigert, sondern ebenso nach dem Mitgefühlsmodul »Affekt«. Schließlich geht es in beiden Modulen darum, die Aufmerksamkeit zu fokussieren – mal auf Atmung und Körper, mal auf Gefühle und Gedanken.[5]

Die »Großen 4« des Salzburger Achtsamkeitsmodells

Wir haben die aktuelle Forschungslage dazu mithilfe einiger befreundeter Forscherinnen in vier große Bereiche geclustert:

Fokus & Effizienz

Lernen, den Fokus unserer Aufmerksamkeit ganz eng und scharf zu stellen
Das Zeitalter der Digitalisierung ist eines der permanent geteilten Aufmerksamkeit. Ablenkung lauert überall. Unsere Fähigkeit, unsere Aufmerksamkeit bewusst über längere Zeit

zu fokussieren, wird dadurch dauerhaft geschwächt. Das hat eine ganze Reihe fataler Folgen, die wir insbesondere im nächsten Kapitel noch näher beleuchten. Dabei gilt: Fokus ist nicht alles, aber ohne Fokus ist alles nichts.

Tatsächlich ist eine gewisse Fokussierungskompetenz die Grundvoraussetzung für alle weiteren Achtsamkeitsübungen. Wir legen deshalb im Weiteren besonders viel Wert auf dieses Lernfeld.

Um ein Leben voller Kreativität zu leben, müssen
wir unsere Angst vor dem Versagen ablegen.
Joseph Pierce

Kreativität & Innovationsfähigkeit

Lernen, den Fokus unserer Aufmerksamkeit ganz weit und weich zu stellen

Studien zeigen, dass Geistesblitze ein entscheidendes Element bei Innovationen sind. Dazu brauchen wir Zeiten der Muße und des Abstands vom äußeren und inneren Lärm. Sie entstehen nicht, wenn wir nur mit To-do-Listen beschäftigt sind. Durch Achtsamkeit erarbeiten wir uns Freiräume von unserem ständig plappernden Verstandesdenken. Mit geeigneten Techniken können wir trainieren, wie wir unsere Gedanken und Gefühle beobachten, ohne sie zu beurteilen und ohne ihnen nachgehen zu müssen. Wir nehmen sie wahr und lassen sie weiterziehen. Dieser mentale Zustand, das sogenannte »offene Gewahrsein«, fördert nicht nur innere Ruhe und Gelassenheit, sondern auch Kreativität und Innovationsfähigkeit.[6]

 *Lernen, den Fokus unserer Aufmerksamkeit wohlwollend und klar auf unser Inneres zu richten*

Wer immer im Hamsterrad bleibt, stößt irgendwann an seine Grenzen. Körperlich, seelisch, geistig.

Mindfulness hilft uns hier auf mehreren Ebenen:

- Sie reduziert unser subjektives Stressempfinden. Das bedeutet, dass uns in unserer reizüberfluteten Welt nicht mehr jede Kleinigkeit so aus dem Häuschen bringt. Das macht uns innerlich stabiler und resistenter.
- Sie hilft uns, mit körperlichen und psychischen Frühwarnsignalen wacher und kompetenter umzugehen. Damit erleichtert sie uns eine nachhaltig gesunde Lebensführung.
- Beide Faktoren gemeinsam führen auch zu biologischen Effekten wie weniger Stresshormonen im Blut, einer gesünderen Darmflora und einem stärkeren Immunsystem oder verlangsamter Zellalterung. Mindfulness macht uns also auch körperlich resilienter.

Turn your wounds into wisdom.
Oprah Winfrey

Einfühlungsvermögen & Sozialkompetenz

 *Lernen, den Fokus unserer Aufmerksamkeit wohlwollend und klar auf unsere Mitwelt zu richten*

Wer mit den eigenen Bedürfnissen wacher und kompetenter umgehen kann, hat gute Voraussetzungen dafür, sich auch anderen angemessen zuzuwenden. Mitgefühl gilt immer mehr als eine der zentralen Führungskompetenzen des 21. Jahrhunderts. Sie impliziert drei Aspekte:

- Ich verstehe dich (kognitives Element).
- Ich fühle mich dir verbunden (affektives Element).
- Ich habe den Impuls, dich zu unterstützen (motivationsbezogenes Element).

Teams mit einer empathiefähigen Führungskraft sind nachweislich leistungsfähiger, belastbarer und haben eine geringere Fluktuation. Deshalb findet diese Sozialkompetenz immer mehr Eingang in die Assessments und Zielsysteme führender Unternehmen.

Marie weiß übrigens noch einiges mehr dazu und erzählt darüber im Kapitel »Übung im Alltag«.

Symbol-Leitfaden

Im Salzburger Achtsamkeitsmodell gibt es einen Farbcode, der sich auf diese 4 verschiedenen Effekte der Achtsamkeitspraxis bezieht.

Fokus & Effizienz

Kreativität & Innovationsfähigkeit

Vitalität & Resilienz

Einfühlungsvermögen & Sozialkompetenz

Wir stellen dir in diesem Buch eine Reihe von Achtsamkeitsübungen vor, sortiert nach den Bereichen formale Praxis, informelle Praxis und allgemeine Lebensführung. Die Farbe der Icons signalisiert dir dabei jedes Mal, auf welchen der vier Effekte der Achtsamkeitspraxis sich eine Achtsamkeitsübung am stärksten bezieht. Dadurch kannst du noch zielgerichteter auswählen, welche der verschiedenen Techniken besonders gut zu deinem Anliegen und deinen Trainingszielen passen.

Präsenz

In tiefer innerer Ruhe wach, lebendig und wohlwollend da sein
Als natürliches Ergebnis der Weiterentwicklung in diesen vier Bereichen entsteht eine Qualität, die wir als »Präsenz« bezeichnen wollen. Vielleicht kennst du Menschen mit dieser Eigenschaft, die einen Raum betreten und ihn zugleich mit ihrer Anwesenheit füllen. Gerade in Führungssituationen ist Präsenz ein wichtiger Faktor.

So wie es Menschen gibt, die eine natürliche Autorität ausstrahlen, gibt es auch solche mit einer natürlichen Präsenz. Das mag auf den ersten Blick ähnlich wirken wie der Habitus von Leuten, die ein präsentes Auftreten gelernt und einstudiert haben, zum Beispiel im Rahmen einer Schauspielausbildung. Spannenderweise haben wir von einigen befreundeten Schauspielerinnen und Schauspielern gehört, dass ihnen diese Bühnenpräsenz lange sehr geholfen hat, aber irgendwann auch im Weg stand. Wie alles Gelernte kann sie irgendwann zur Fassade werden, die wir wieder loslassen müssen, um wirklich frisch und lebendig da zu sein – und das auch selbst zu spüren.

Natürliche Präsenz hat mit unserer inneren Ausrichtung zu tun. Die wird sich mit Achtsamkeit über die Jahre ganz von allein einstellen. Vielleicht unscheinbar auf den ersten Blick – und doch spürbar.

Wozu Achtsamkeit nicht führt –
3 kuriose Missverständnisse

Wir hören in Gesprächen immer wieder, welche interessanten Missverständnisse sich rund um das Thema »Achtsamkeit« aufgebaut haben. Das liegt vielleicht an Assoziationen zur New-Age-Bewegung der 1970er-Jahre. Vielleicht auch an einzelnen Menschen, die uns mit säuselnden Appellen, endlich »mal achtsam und wertschätzend« zu sein, zur Weißglut bringen. Oder einfach daran, dass es in unserer informationsüberfluteten Zeit schwer ist, die Spreu vom Weizen zu trennen und nicht alles in einen Topf zu schmeißen.

Mythos 1: Du degenerierst zur dauerlächelnden kastrierten Topfpflanze

Achtsamkeit führt dazu, dass man eine penetrante Art entwickelt, ganz besonders sanft und verständnisvoll zu sprechen, seine Umgebung mit unentwegter Freundlichkeit in den Wahnsinn zu treiben und vor lauter Entrücktheit klaglos jede Beleidigung oder Ungerechtigkeit hinnimmt. Wenn sich doch einmal

menschliche Emotionen regen, muss man die schnell wieder »wegatmen«, weil man Gelassenheit mit Apathie verwechselt und Gleichmut mit der Unterdrückung von Gefühlen.

Unsere Erfahrung: Mit zunehmender Achtsamkeitspraxis bekommt man die eigenen Emotionen deutlicher mit, muss ihnen aber nicht mehr blind folgen, sondern kann sich bewusst entscheiden, wie man zum Beispiel mit Wut umgeht. Wir erleben uns heute als ausgeglichener und besser im Kontakt mit dem, was uns wichtig ist. Das macht es uns viel leichter als früher, Klartext zu reden und auch »Nein!« zu sagen, wenn wir »Nein!« meinen. Ohne dabei unnötiges Porzellan zu zerdeppern. Dass das geht, war für uns ein Lernprozess. Zu Wattebäuschen-Werfen und Selbstverleugnung ist das ein genauso radikales Gegenprogramm wie zur Axt im Walde, die blindwütig ihre Schneisen schlägt.

Mythos 2: Deine Arbeit wird dir wurscht

Was wir in Unterhaltungen immer wieder hören, ist die Vorstellung, dass man jeglichen Elan und jedes Engagement verliert, da mehr oder weniger eh alles egal ist und ich mich durch regelmäßige Praxis in einem der Welt entrückten Zustand befinde, in dem ich meine weltliche Arbeit nur noch als notwendiges Übel sehe.

Unsere Erfahrung: Wenn Menschen, die vorher engagiert waren, sich der Praxis widmen, werden sie nach einiger Zeit weniger getrieben, haben mehr Klarheit bezüglich ihrer Prioritäten und vergeuden weniger Zeit für unproduktives Arbeiten. Sie erleben mehr intrinsische Motivation bei dem, was sie tun.

Mythos 3: Du wirst weltfremd und egoistisch

Eine häufige Sorge ist auch, Achtsamkeit würde uns zum Egozentriker machen, weil wir nur noch um uns selbst und unsere Befindlichkeiten kreisen. Wer auf dem Meditationskissen einen Dauerrausch an Glückshormonen produzieren kann, braucht sich vor lauter Nirwana nicht mehr um seine Umwelt oder gar lästige Mitmenschen zu kümmern. Es ist ja ohnehin alles eins und leer.

Unsere Erfahrung: Ja, man kann Achtsamkeitsübungen auch zur Realitätsflucht zweckentfremden. Im Grunde geht es aber darum, die Gegenwart wacher und lebendiger zu erfassen. Das hilft dabei, kompetenter mit eigenen Bedürfnissen und denen anderer umzugehen. Gerade dadurch können wir im Lauf der

Zeit ein wenig freier von den engen Mustern und Zwängen unseres Ego-Systems werden. Das sogenannte »formale« Achtsamkeitstraining (auf dem Meditationskissen oder in einer anderen regelmäßigen Form) dient dazu, dass wir unser Innenleben so gestalten, dass wir auch in der äußeren Welt handlungsfähig werden.

Don't ever make decisions based on fear.
Make decisions based on hope and possibility.
Make decisions based on what should happen,
not what shouldn't.
Michelle Obama

Warum wir Achtsamkeit heute dringender brauchen als je zuvor

Highway to Hell:
Der Alltagsbewältigungs-Verzweiflungsmodus

»Jeder kennt das: Von morgens bis abends begegnet uns die Welt als Aggressionsfläche, in der wir ständig Dinge bewältigen und bearbeiten müssen. Dies besorgen, das erledigen, den anrufen, das wegschaffen. Das Leben als einzige, ausufernde To-do-Liste.« Mit diesen Worten beschreibt der Soziologe Hartmut Rosa, was er »Alltagsbewältigungs-Verzweiflungsmodus« nennt.[7] Dieser Modus wird heute zu einem großen Teil durch unser zunehmend digitalisiertes Umfeld befeuert.

Sicher war gestern oder Pitch mal für deinen Tribe

Sogar in der einst »sicheren« Konzernwelt geht es heute rund. Im permanenten Restrukturierungskarussell werden bei einem globalen Automobilkonzern ganze Bereiche gekündigt, und Mitarbeiter müssen sich neu auf ihren eigenen Job bewerben. Leider, leider werden nicht alle zum Vorstellungsgespräch eingeladen. In einem Telekommunikationsunternehmen bilden sich statt Abteilungen »Tribes«, auch dort muss man sich um die Zugehörigkeit bewerben. Nur dass das jetzt »pitchen« heißt und plötzlich junge Kolleginnen aus Asien und Amerika mitpitchen, die die agile Klaviatur rauf und runter spielen, am besten in drei Fremdsprachen und natürlich virtuell. In einem Technologiekonzern wird gleich die ganze HR-Abteilung an externe Dienstleister ausgelagert.

Freunde im Kulturbereich haben monatelang keine Aufträge, aber vor allem keine Perspektive. Ein befreundetes Start-up, das alles richtig und mit Herzblut gemacht hat, wird insolvent. Es war in der »falschen« Branche unterwegs: Reisen. Wohin wir schauen, Disruption und Instabilität im Außen. Wird das weniger? Vermutlich nicht.

Paradies der Tools

Was technisch nach Corona möglich sein würde, war vor Corona undenkbar. Die Tools sind sehr schnell besser geworden, viel besser. Und wir auch.

Komplexe Workflows, in denen Menschen weltweit zusammenarbeiten. Internationale Meetings mit Impulsen von den großen Vordenkerinnen der Branche, nach denen Kleingruppen ihre Diskussionsergebnisse aufschreiben, dann im Plenum teilen, und gleich darauf die gemeinsame Priorisierung der gemeinsamen Themen mit Zustimmungsskala und Textkommentaren von 500 Teilnehmern. Was war das früher für ein Aufwand! Planen, Räume, Essen, Reisen, Material, Technik, Wegzeiten vor Ort …

Noch mehr als die unfassbaren Effizienzgewinne beeindruckt uns die Erweiterung unserer Möglichkeiten und Spielfelder. Und wir stehen erst am Anfang.

Hölle der Nebeneffekte

Was wir oft nicht einplanen: dass auch diese neue Welt Ineffizienzen mit sich bringt. Sie sind nur anders, noch versteckter und weniger in unserem Bewusstsein als die Zeitfresser von früher.

Permanent Beta: All die neuen Tools passen noch nicht so recht zusammen

Verschiedene Versionen, lokale Sicherheitseinstellungen, Kompatibilitätsprobleme oder der Kleinkrieg zwischen den Technologiegiganten sorgen dafür, dass letztendlich doch nicht alles so glatt läuft wie gedacht. Dass wir Stunden mit Fehlermeldungen und Anmeldeprozessen verbringen. Dass wir unsere Kooperationspartner für völlig bekloppt und unfähig halten und sie uns, bis sich irgendwann herausstellt, dass sie auf ihrem Bildschirm bei identen Nutzerrechten und Einstellungen völlig andere Dinge sehen und bearbeiten können als wir selbst.

Nonstop: Ein Meetingtag ohne Pausen ist nur vordergründig effizient

Um von einem Besprechungszimmer zum nächsten zu kommen, brauchten wir früher zwangsläufig kurze Pausen. Im virtuellen Raum fällt das weg. Und damit eine kurze Bewegungseinheit für den Wechsel von A nach B, Small Talk an der

Kaffeemaschine, Zufallsbekanntschaften – den Kopf einmal durchlüften.

Wenn wir permanent in Besprechungen sitzen und in allen nur halblebig, dann zahlen alle Beteiligten eine hohen Preis dafür.

Die Überreizungs-Tsunami:
Alles kämpft um unsere Aufmerksamkeit

Wenn Daten das Gold der neuen Wirtschaft sind, dann entspricht dem alten Kampf um Schürfrechte der neue Kampf um unsere Aufmerksamkeit. Dort, wo wir hinschauen, verbringen wir ein wenig Zeit, tun etwas und erzeugen dadurch Daten für die Goldgräber des digitalen Zeitalters.

Tools sind erfolgreich, wenn sie darauf optimiert sind, unsere Aufmerksamkeit auf sich zu lenken. Wann immer etwas Neues passiert, wir uns an etwas erinnern sollen oder etwas zu tun ist – es leuchtet, blinkt und piepst, dass es eine wahre Freude ist. Wir werden gut darin, ständig woandershin zu schauen. Wir werden schlecht darin, bei einer Sache zu bleiben, solange wir nicht ununterbrochen dafür belohnt werden. Und weil alles gleichzeitig einfach nicht geht, hält uns unsere FOMO – die Angst, etwas zu verpassen – fest im Griff.

Von der Überforderung in die Bewusstlosigkeit

Und was machen wir am besten, wenn's zu viel wird? Richtig – wir genehmigen uns ein Gläschen. Prost!

Getränk mit Schirmchen

Ein Überangebot an bunten digitalen Sinnesreizungen, das Crush-Eis unserer zersplitterten Aufmerksamkeit und FOMO ergeben eine schöne Grundausstattung. Dazu kommt der Verlust an Körper- und Sinneswahrnehmungen, Natur und realen Begegnungen. Das alles reicht schon völlig aus.

Je nach Generation und Persönlichkeitstyp kann man das Ganze als Zusatzoption noch mixen, unter dem Druck aus der Arbeitswelt und unseren Existenz- und Versagensängsten, mit denen wir eine immer noch aberwitzigere Workload auf uns nehmen. Voilà, wir haben alles beisammen für einen raffinierten Cocktail von Stresshormonen.

Ein Großteil der deutschsprachigen Bevölkerung sind begeisterte Spiegeltrinker. Aber auch die Komasäufer werden mehr. Burn-out heißt das dann. Schlimmer Kater und so, aber manches muss man einfach mal gemacht haben.

Und wie es halt so ist mit all dem herrlichen Zeugs: Irgendwann will unser Gehirn noch was Härteres … Aber dazu mehr im nächsten Abschnitt.

»Warum trinkst du?«, fragte ihn der kleine Prinz.
»Um zu vergessen«, antwortete der Säufer.
Aus: Antoine de Saint-Exupéry, *Der kleine Prinz*

Dissoziation

Und was passiert unter massivem Stress? Falls du unser erstes Buch *Mindful Leader* gelesen hast, weißt du schon Bescheid. Wir vergessen. Oder um es wissenschaftlicher auszudrücken: Unser kognitives System und unser somatisches System ent-

koppeln. Im Auge des Säbelzahntigers übernimmt unser Körpergehirn das Kommando. Unser Denkhirn mit seinen gestressten Gedankenschleifen läuft mehr oder weniger unbeteiligt nebenher. Den psychologischen Zustand dieser Entkoppelung kann man auch als »Spaltung« oder »Dissoziation« bezeichnen.[8] Kopf, Herz und Bauch kooperieren nicht mehr sinnvoll miteinander.

Wir werden immer mehr von unbewussten Trieben und Triggern gesteuert. Stehen ein wenig neben uns selbst. Werden manipulierbar. So ist das nun mal mit dem Trinken. Unser innerer Lichtschalter geht aus.

Natürlich kann einem von zu viel Alkohol
übel werden. Aber ganz ehrlich: Nach
zwei Litern Kakao reihert auch jeder.
Mal in einer Bar gehört

Arbeit und Freizeit verschwimmen

Mit der Zeit trinken wir immer öfter und unkontrollierter. Immer mehr Arbeitszeit findet vor dem Bildschirm statt. Immer mehr Freizeit auch. Auf der Jagd nach unserer Aufmerksamkeit drängen sich Freizeitangebote wie die Online-Zeitung, Messenger und Social Media in unsere Arbeits- und Pausenzeiten. Und in unserer Freizeit checken wir dafür noch mal eben die Mails oder machen schnell etwas fertig, wenn wir ohnehin schon am Rechner sitzen. Es entsteht ein Gemisch an Aktivitäten, von denen wir nicht mehr genau wissen, was wir damit wirklich erreicht haben und wie viel Zeit wir eigentlich womit verbringen. Im Hier und Jetzt unseres Lebens definitiv nicht.

> *Es gibt keinen Unterschied zwischen*
> *Luxustrinker und Bahnhofspenner.*
> Harald Juhnke

Zeit für was Härteres: Digitale Süchte

Der Princeton-Psychologe Adam Alter beschreibt in seinem Buch *Unwiderstehlich* eindrucksvoll den »Aufstieg suchterzeugender Technologien und das Geschäft mit unserer Abhängigkeit«: Vor zwanzig Jahren gab es nur wenige potenzielle Suchtquellen wie zum Beispiel Alkohol, Zigaretten, Drogen und Arbeit, die jeweils nur für einen relativ kleinen Personenkreis »verführerisch« waren. In der digitalen neuen Welt dagegen gibt es für jeden Persönlichkeitstyp ein Angebot, das ihn direkt und unwiderstehlich anspricht. Twitter, Facebook, Insta, YouTube,

YouPorn, Candy Crush, World of Warcraft, Fortnite … Was ist es bei dir? Und was bei deinen Kindern? Hinter jedem Angebot stecken Profis, die es mit Psychologie und Big Data maximal suchtpotent gestalten. Rund die Hälfte der US-Bevölkerung sind laut Alter im klinischen Sinn digital süchtig. »Im klinischen Sinn digital süchtig« heißt dabei:

- Du kannst nicht vorhersagen, wann dich das Suchtverlangen das nächste Mal übermannt.
- Du kannst nicht vorhersagen, wie lange du das Suchtmedium konsumieren musst, bevor es dich wieder loslässt.
- Das Suchtverhalten wirkt sich nachweislich schädigend auf dein privates und/oder berufliches Leben aus.

Und wie das so ist mit den Süchten: Wir brauchen es immer heftiger, um den Kick zu bekommen, und immer häufiger.
Jo mei!, könnten nun die Bayern unter uns sagen. Die paar Cocktails, ein bisserl Stress, ein bisserl Suchtverhalten. Irgendein Laster braucht der Mensch einfach. Was soll denn jetzt das große Problem daran sein?
Die Langzeitschäden, könnte man antworten.

Marie weiß mehr ...

... über den Mechanismus hinter digitalen Süchten

Der Aufstieg der Technologie in unserem Leben birgt, so der Experte für Psychologie und technologische Entwicklungen Nir Eyal,[9] das ernsthafte Risiko, dass wir unsere Fähigkeit, mit anderen Menschen präsent zu sein, und auch damit unser Wohlbefinden beeinträchtigen. Der Dopaminrausch, der beim Überprüfen von Texten, E-Mails oder sozialen Medien auf unserem Telefon, Tablet oder Computer ausgelöst wird, veranlasst uns, diese zwanghaft zu überprüfen. Ohne nachzudenken oder zu planen, klicken wir uns durch Nachrichten, aktualisieren unseren Status oder reagieren auf den neuesten irrelevanten Post. Um die Dimension des Problems besser zu verstehen, betrachten wir die folgenden Statistiken aus Deloittes jährlichem »Global Mobile Consumer Survey«:[10]

- Am Morgen checken wir unsere Smartphones immer früher. Mehr als 40 Prozent der Befragten überprüfen sie innerhalb der ersten fünf Minuten nach dem Aufwachen.
- Wir schauen während des Tages durchschnittlich 47-mal auf unser Telefon.
- Mehr als 30 Prozent checken ihre Geräte fünf Minuten vor dem Schlafengehen, und nicht wenige checken diese sogar nachts.
- In der Freizeit blicken 89 Prozent der Befrag-

ten regelmäßig auf ihr Handy, 93 Prozent beim Fernsehen und 87 Prozent beim Sprechen mit Familie und Freunden.

Es geht dabei nicht unbedingt darum, wichtige Nachrichten zu erhalten. Es reicht völlig, wenn hin und wieder positive beziehungsweise überraschende Nachrichten dabei sind. Dieser kurze Glücksrausch genügt, dass wir in unserer ständigen Handy-Kontrolle bestärkt werden. Mary Aiken[11] spricht hier von einer »intermittierenden Verstärkung« und vergleicht das mit einem Rubbellos. Das bedeutet: Die Wirkung ist sogar stärker, wenn die Lose nur hin und wieder einen Gewinn aufweisen. Wäre es jedes Mal ein Gewinn, würde schnell ein Gewöhnungseffekt eintreten.

Zu welcher Gruppe willst du gehören?

In Zukunft, so Nir Eyal, der Autor von *Die Kunst, sich nicht ablenken zu lassen*,[12] werden wir die Menschheit in zwei Gruppen teilen können: diejenigen, die ihre Aufmerksamkeit und ihr Leben von anderen kontrollieren und zwangssteuern lassen, und diejenigen, die »unablenkbar« sind. Wir alle werden tagtäglich mit sofortigen Belohnungen darauf konditioniert, ablenkbar zu sein, sei es durch einen gezielten Hormoncocktail beim Checken unserer Mails oder das verheißungsvolle »Bling« beim Eintreffen neuer Nachrichten auf dem Smartphone. Und mehr als das.

Wir werden zu Süchten und automatischem Verhalten regelrecht verführt. Eyal erzählt dazu von der Frau, die von ihrem Schrittzähler abhängig wurde. Als ich das las, musste ich lachen, doch als ich meine eigenen »Suchtpotenziale« Revue passieren ließ, verging mir das Lachen.

Die Frau mit der Schrittzähler-Sucht

Die Schrittzähler-Süchtige soll also als Beispiel und Warnung für uns alle gelten, denn zu Beginn war alles gut. Als die Frau startete und sich laut der Hinweise ihres Schrittzählers bewegte, wurde sie sportlicher und hatte richtig Spaß an diesem Gadget, das nette Belohnungen in Form von Medaillen und Extrapunkten ausgab. Sie wurde körperlich fitter und fühlte sich gesund wie nie. Sobald sie nach Hause kam, während sie noch aß – oder während sie las, während sie aß und las oder während ihr Mann versuchte, mit ihr zu reden –, lief sie zwischen dem Wohnzimmer und der Küche und dem Esszimmer und dem Wohnzimmer und der Küche und dem Esszimmer kontinuierlich im Kreis. Dieses Verhalten verstärkte sich. Sie hatte immer weniger Zeit für ihre Familie und Freunde, denn sie musste Schritte zählen. Am Ende eines besonders aktiven Tages erhielt sie von ihrem Schrittzähler ein verlockendes Angebot. Es war kurz vor Mitternacht, und sie putzte sich hundemüde die Zähne, als die Nachricht aufpoppte: Wir geben dir die dreifachen Punkte, wenn du nur zwanzig Stufen hinaufgehst! Obwohl sie müde war, ihr Mann im Bett wartete, ging sie fast verstohlen los, um diese Extrapunkte noch zu ergattern. Und da auf der Kellertreppe schlug die Erkenntnis ein: Du bist nicht gesund und frei, du bist gefangen.

Lass uns also untersuchen, welche Trigger dein Leben bestimmen. Denn Trigger (beim Schrittzähler zum Beispiel die Warntöne, wenn nicht genügend Schritte gegangen werden) bestimmen vielleicht auch deinen Alltag mehr, als du denkst, und können dazu führen, dass du »gesteuert wirst«.

Unser kurzes Leben hier auf Erden ist nicht nur angesichts der Unendlichkeit krasses Timeboxing.
Martina Hesse

Mach mir den Zombie: Von der Bewusstlosigkeit in den nachhaltigen Kompetenzabbau

Wir haben im vorigen Kapitel schon vier Kompetenzen kennengelernt, die wir mit Achtsamkeit trainieren können. Betrachten wir nun, wie wir genau die gleichen Kompetenzen in unserem digitalisierten Arbeitsalltag ruinieren, wenn wir nicht konsequent auf sie achten.

Liebling, ich habe meinen präfrontalen Cortex geschrumpft: Fokus, digitale Reizüberflutung und Neuroplastizität

Fokus & Effizienz

»Neuroplastizität« ist ein Schlüsselbegriff der modernen Gehirnforschung. Die Grundidee ist ähnlich wie beim Muskeltraining: Muskeln, die wir viel und richtig benutzen, wachsen und werden stärker. Muskeln, die wir nicht verwenden, verkümmern. Mit unseren Gehirnregionen ist es ähnlich.

Wenn unsere Aufmerksamkeit einmal von einem digitalen Angebot abgelenkt wird, verlieren wir unseren Fokus. Wie der Neurobiologe Bernd Hufnagl berichtet, brauchen wir im Schnitt siebzehn Minuten, um nach einer Ablenkung wieder zurück zu unserer ursprünglichen Tätigkeit zu kommen.[13] Das ist beachtlich, aber auch nicht weiter dramatisch, könnte man sagen. Wir können ja beim nächsten Mal einfach besser aufpassen.

Was aber passiert, wenn unsere Aufmerksamkeit wieder und wieder abgelenkt wird? Richtig: Schritt für Schritt verlieren wir nicht nur unseren momentanen Fokus, sondern auch unsere Fähigkeit zum Fokussieren. Unsere Aufmerksamkeitsspanne sinkt, und die damit verbundene Hirnregion – unser präfrontaler Cortex – schrumpft. Dafür wächst unsere Amygdala. Du erinnerst dich an *Mindful Leader*? Die Amygdala ist die Hirnregion, die unser Stress- und Angstsystem ankurbelt. Oder um es für die Wirtschaftswissenschaftler in unserer Runde auszudrücken: Irgendwann haben wir kein rein konjunkturelles Problem mehr, sondern ein strukturelles.

Kreativität braucht Leerlauf, Umwege und ganzheitliche Stimulation

Mit unseren nahtlos ineinander übergehenden virtuellen Meetings und einer gefühlten Bildschirmverfügbarkeit von 24 Stunden am Tag sieben Tage die Woche fällt vieles weg, dessen Wert wir – wenn überhaupt – jetzt erst zu

Kreativität & Innovationsfähigkeit

schätzen lernen. Wenn unser Gehirn kreativ arbeiten soll, braucht es gelegentlichen Leerlauf, Muße und Zeit zum Faulenzen. Jeder Muskel braucht Phasen der Anstrengung und der Regeneration.

Wenn man einfach dasitzt und beobachtet,
merkt man, wie ruhelos der Geist ist.
Wenn man versucht, ihn zu beruhigen,
wird es nur noch schlimmer.
Mit der Zeit wird er jedoch ruhiger, und
wenn dies geschieht, bleibt Raum, subtilere
Dinge zu hören – das ist der Moment, in dem
die Intuition sich entfaltet, man Dinge klarer sieht
und mehr der Gegenwart verhaftet ist.
Der Geist arbeitet langsamer, und man erkennt eine
enorme Weite im Augenblick. Man sieht so viel, was
man bereits hätte sehen können.
Steve Jobs

Und wie wir aus den Sportwissenschaften wissen, braucht jeder Muskel auch vielfältige Stimulation, um sich optimal zu entwickeln. Der Bewegungsapparat unserer Vorfahren musste laufen, klettern, kämpfen, tragen und vieles mehr. Genauso wie die immer gleiche stupide Bewegung in der Kraftkammer dieses natürliche Anforderungsprofil nicht abbildet, so braucht auch unser Gehirn mehr komplexere Umgebungen als nur einen Flatscreen. Es braucht Körperlichkeit und Raum. Es braucht Kontaktmöglichkeiten mit der Natur und mit realen Menschen. Das alles war Teil unserer evolutionären Entwicklung.

Wenn wir das lange Zeit missachten, bleiben wir nicht nur unter unserem Potenzial. Wir nehmen auch Schaden.

Sitzen ist das neue Rauchen – und die digitale Trance das neue Wodka Bull

Vitalität & Resilienz

Pausenlos am Rechner zu sitzen wirkt sich auf unseren Stütz- und Bewegungsapparat aus, und zwar ungünstig. Wenn wir nichts Vernünftiges essen, ist das schlecht für unseren Körper. Das viele Starren auf den Bildschirm schädigt unsere Augen.

Das alles ist so naheliegend, dass es im Grunde banal ist. Und dennoch haben die damit verbundenen Fehlhaltungen, Verspannungen und Haltungsschäden, Schmerzen, Schlafstörungen, Fehlzeiten und so weiter immense Auswirkungen im Sinne der Volksgesundheit und betrieblichen Gesundheitsförderung. Ist das ein Grund, uns von der Digitalisierung zu verabschieden? Natürlich nicht. Aber wir brauchen mehr Bewusstsein zu diesen Zusammenhängen und müssen Techniken einüben, um besser damit umzugehen.

Genauso ist es auch mit den mentalen Folgen. Nach mehreren Stunden vor dem Rechner befinden wir uns in einer digitalen Trance, einem Flimmerzustand. Wir sind von den Inhalten auf dem Bildschirm vollkommen eingenommen und blenden den

Restmenschen, unseren Körper, unsere Gefühle und unsere Bedürfnisse völlig aus. Neurobiologisch gesehen, entspricht dieser Zustand in vieler Hinsicht der Dissoziation, die durch übermäßiges Stressempfinden ausgelöst wird.

Einmal digitale Trance? Kein Problem! Viel digitale Trance über Jahre? – Im Sinn von Neuroplastizität können wir sagen, dass jede Minute in der digitalen Trance unsere ureigene Fähigkeit schwächt, die Person zu sein, die wir eigentlich wären.

Virtuelle Zusammenarbeit

Einfühlungsvermögen und Mitgefühl sind Kompetenzen, die sich vergleichsweise langsam entwickeln. Menschen brauchen dafür die Möglichkeit, unmittelbar zu beobachten, wie ihre eigenen Handlungen sich auf andere

Einfühlungsvermögen & Sozialkompetenz

auswirken. Weil dieses Feedback völlig fehlt, sind Textnachrichten und soziale Medien die schlechtestmögliche Kommunikationsform, um Sozialkompetenz zu entwickeln. Und gleichzeitig werden sie zu den dominanten Kanälen junger Menschen, um Konflikte auszutragen.[14]

Adam Alter[15] berichtet von einer Analyse von 27 Studien, nach der die Empathiefähigkeit von Studenten zwischen 1979 und 2009 deutlich zurückgegangen war. Und das war noch lange vor dem großen Virtualisierungsschub, den wir der Pandemie verdanken … Jetzt fallen im großen Maßstab Elemente unseres Arbeitslebens weg, von denen wir früher vielleicht nie geahnt hätten, dass sie uns einmal fehlen könnten: Small Talk, Zufallsbegegnungen, Austausch mit allen Sinneskanälen statt nur Gesichter von vorn zu sehen und nur den zu hören, der gerade spricht, die Möglichkeit, die Stimmung im Team über nonverbale Botschaften zu erfassen.

Das hat Auswirkungen in unseren Unternehmen durch den Verlust von Vertrauen und Zusammenhalt. Der Verlust von Möglichkeiten zu authentischen Begegnungen wirkt sich jedoch noch viel tiefgreifender aus. Die Psychologin Catherine Steiner-Adair[16] beschreibt, wie der Erstkontakt vieler Kinder mit der digitalen Welt stattfindet: über geistig abwesende Eltern, die mit dem iPad beim Abendessen sitzen und keine durchgängige Unterhaltung mehr führen können, ohne dazwischen »nur mal kurz« das Smartphone zu checken. Am heftigsten ist der Effekt bei Babys. Die folgen instinktiv den Augen ihrer Eltern und übernehmen dadurch deren Aufmerksamkeitsmuster. Eltern, die sich ständig von digitalen Impulsen ablenken lassen, geben dieses Muster an ihre Kinder weiter, noch bevor diese überhaupt sprechen können. Und damit von Anfang an ein Aufmerksamkeitsdefizit und sehr viel mehr: Die Aufmerksamkeitsspanne von Kindern ist ein starker Indikator für ihren späteren Erfolg im Spracherwerb, beim Lösen von Problemen und in anderen Schlüsselbereichen der kognitiven Entwicklung.

> »Mindfulness ist der nahezu zwingend notwendige Gegentrend zur Digitalisierung. Wir kommen nicht umhin, uns zu ent-reizen«, hat es der Trend- und Zukunftsforscher Matthias Horx auf einer unserer Veranstaltungen zusammengefasst.

Wie wir diese nahezu zwingend notwendige Basiskompetenz entwickeln, darum geht es in diesem Buch.

Die Grundlagen für dieses Buch

Forschung zu Habit Formation

Wesentliche Unterstützung für unsere Achtsamkeitspraxis lässt sich in einem Forschungsbereich finden, der auf Deutsch etwas sperrig »Gewohnheitsbildung« heißt. Darin geht es um die Frage, wie Tätigkeiten, die wir ausführen, irgendwann zu ganz selbstverständlichen Routinen und Gewohnheiten werden, über die wir gar nicht mehr groß nachzudenken brauchen.

Gewohnheiten sind grundsätzlich etwas sehr Nützliches. Sie ersparen es unserem Gehirn, dass wir bei jedem Reiz bewusst entscheiden müssen, wie wir darauf reagieren. Das würde unsere »Rechenkapazitäten« sehr schnell zum Erliegen bringen. Der Gehirnforscher Prof. Dr. Ernst Pöppel von der Universität München errechnete einmal, dass wir täglich bis zu 20 000 Entscheidungen treffen.[1] Die meisten davon unbewusst und damit automatisiert beziehungsweise »aus Gewohnheit«.

One of our greatest challenges in changing habits is maintaining awareness of what we are actually doing.
James Clear

Achtsamkeit, um unerwünschte Gewohnheiten bewusst wieder zu verabschieden

Wir alle haben unzählige derartiger Automatismen entwickelt. Manche helfen uns, das Zähneputzen zum Beispiel. Andere, wie das Rauchen oder das Kauen an den Fingernägeln, würden wir vielleicht lieber wieder abstellen.

Die meisten unserer Gewohnheiten entstehen ohne unser bewusstes Zutun, manche jedoch durch das bewusste Zutun anderer: Zähneputzen haben wir als Kinder von unseren Eltern gelernt, digitale Süchte lernen wir von den Psychologen und Algorithmen hinter den Angeboten, die unsere unbewussten Bedürfnisse ansprechen.

Achtsamkeit kann uns dabei helfen, derartige Gewohnheiten immer wieder einmal ins Bewusstsein zu holen und zu hinterfragen: Wollen wir das weiterhin so machen? Die Frau mit dem Schrittzähler ist dafür vielleicht ein gutes Beispiel.

Habit Formation, um eine regelmäßige Achtsamkeitspraxis zu etablieren

Umgekehrt können wir Habit Formation natürlich dazu nutzen, Gewohnheiten zu entwickeln, die wir gern hätten. Zum Beispiel eine regelmäßige Achtsamkeitspraxis. Unsere Achtsamkeitspraxis hat überhaupt dann erst eine Chance, wenn wir sie zur Routine werden lassen, die wir einfach jeden Tag ausführen – komme, was da wolle. Ohne uns jedes Mal neu dafür oder dagegen entscheiden zu müssen.

Welche Anregungen hält das Forschungsfeld »Gewohnheitsbildung« dafür bereit? Wir haben sie konsequent in dieses Buch integriert.

Feldforschung

Es ist wie mit dem berühmten Auto, das man sich kauft und das man dann plötzlich überall sieht … In dem Moment, in dem Achtsamkeit in unserem Leben wesentlich wurde, sind mit einem Mal auch viele Gespräche dazu entstanden. Im Freundeskreis, mit Kolleginnen und Kunden, in Pausengesprächen von Strategieklausuren, auf Partys, auf Kongressen, mit Urlaubsbekanntschaften oder in der Bahn. Irgendwann dann auch in unseren eigenen Seminaren, in Podiumsdiskussionen und Podcasts.

Manche unserer Gesprächspartner hatten noch nie vom Thema »Achtsamkeit« gehört. Überraschend viele hatten schon etwas gelesen, erste Erfahrungen gemacht, fanden das Thema gut und wichtig und pflegten so etwas wie eine On-off-Beziehung damit. Und oft genug ein schlechtes Gewissen, dass es mit der regelmäßigen Praxis nicht so recht klappen wollte.

Im Lauf der Jahre lernten wir auch immer mehr Menschen kennen, die heute in einer regelmäßigen Praxis angekommen sind. Wir staunen noch heute über die Bandbreite, die sich dabei zeigt, und über die große Unterschiedlichkeit der Zugänge und Entwicklungswege.

Manchmal ist es bei einem netten Small Talk geblieben. Oft genug hat der Austausch aber auch zu tiefen, oft überraschenden Erkenntnissen geführt und zu schönen persönlichen Begegnungen. Diese Gespräche waren obendrein unglaublich anregend und wertvoll für uns, unsere eigene Praxis und unsere Arbeit als Coach und Trainer besser zu verstehen und verschiedene wissenschaftliche Theorien, Studien und traditionelle Modelle schlüssiger miteinander zu verbinden.

Irgendwann begannen wir deshalb, einige Eckpunkte aus diesen Gesprächen zu verschriftlichen und zu systematisieren. Gezielter nachzufragen, wo uns eine Frage gerade beschäftigte. Menschen bewusst zu kontaktieren und zum Austausch einzuladen. Was uns dabei besonders interessierte, war der Entwicklungsweg, den

Menschen mit ihrer Achtsamkeitspraxis durchlaufen. Dazu gehören Fragen wie:

- Was hat dich dazu gebracht, dich näher mit Achtsamkeit zu befassen?
- Was hat es dir anfangs schwer gemacht?
- Wann und wie hast du einen Einstieg in eine regelmäßige Praxis gefunden?
- Wie und warum hat sich deine Praxis über die Jahre verändert?
- Wie hat sie dich verändert?

Bei euch allen, die ihr im Lauf der Jahre eure Erfahrungen, Fragen, Vorbehalte, Frustrationen und Freuden mit uns geteilt habt, wollen wir uns an dieser Stelle ganz herzlich bedanken.

Vier konkrete Menschen

Vier ganz konkrete Menschen wollen wir euch an dieser Stelle vorstellen: Martin, Astrid, Reto und Hannah decken gemeinsam ein wenig die Bandbreite derer ab, für die wir dieses Buch geschrieben haben. Sie werden uns mit ihren Erfahrungen durch die nächsten Kapitel begleiten.

Martin

Martin weiß, wie der Hase läuft. Als Unternehmer hat er sein Bestes gegeben, und »die Firma« stand für ihn immer an erster Stelle. Ganz klar, die Kinderbetreuung lag bei seiner Frau. Jetzt sind sie schon erwachsen, und aus ihnen ist »etwas geworden«. Allerdings bringen seine Kinder bei jeder Feier immer dieses lästige Thema auf den Tisch: »Papa, in unserer

Kindheit warst du so wenig zu Hause. Die Firma war immer wichtiger.« Seine Ehe hat den Auszug der Kinder nicht überlebt. Seine Frau hat einige Jahre vergeblich versucht, ihn zu einer Paartherapie zu bewegen. Irgendwann hat sie ihn dann verlassen. Mittlerweile ist Martin jedoch darüber hinweg und ist ganz happy so als Single. Nur manchmal nachts, wenn er allein durchs dunkle Haus tappte, gab es eine nagende Frage in ihm: Was will ich mit dem Rest meines Lebens eigentlich machen? Er spürte Lust, sein Wissen auch an jüngere Mitarbeiter weiterzugeben. Aber einen richtigen Draht hatte er da nicht. Vielleicht lag es daran, dass er oft ein Management der alten Schule betrieb: Ich sag was, und du machst das (wehe, wenn nicht)! Dabei weiß er doch, wie es geht, und hat die Firma in den letzten Jahrzehnten groß gemacht. Wäre er dabei so vorgegangen, wie er es bei den Jüngeren erlebt, wäre es sicher nix geworden. Wo kämen wir da hin, wenn alle ihre Freizeit plötzlich genauso wichtig nähmen wie die Arbeit, was soll dann aus seinem Unternehmen werden? Das Thema »Mindfulness« begegnet ihm zum ersten Mal auf einem Kongress. Internationale Konzerne, solide deutsche Mittelständler und Start-ups präsentieren, wie intensiv sie sich mit dem Thema beschäftigen. Mit diesen Referenzen traute er sich zunächst mit Online-Meditationskursen und Büchern an das Thema heran. Martin wählt bewusst pragmatische Angebote ohne spirituellen Hintergrund. Schon nach einigen Wochen stellt er fest, dass sich einiges tut: Er ist konzentrierter und schafft es in Konflikten auch immer mal wieder, nicht gleich auszuflippen. Sogar der ein oder andere Witz kommt ihm in der Kantine mal über die Lippen. Kann das wirklich an den wenigen Minuten liegen, die er sich jetzt täglich für ein paar Atemübungen nimmt?

Astrid

Astrid ist Ende vierzig und das, was man in den Achtzigern eine »Powerfrau« nannte. Ihr Team in der Bank war super-erfolgreich. So taff sie in ihrer Führungs-rolle war, so stahlhart war sie auch zu sich selbst. Disziplin, Struktur und eine ge-wisse »Zackigkeit« prägten auch ihre Freizeit, in der sie anspruchsvolle Bergtouren geht. Eine echte »eiserne Lady«, wie sie im Unternehmen hinter ihrem Rücken genannt wurde. Darunter litt auch ihr Team; denn es ist eh klar: Wenn jemand von sich viel verlangt, dann  oft auch von seinen Mitarbeitern. Aber je mehr Erfolg, desto mehr wünscht Astrid sich auch mal »Nachsicht« – vor allem mit sich selbst. Erfüllt mich mein Job noch? Kann ich auch er-folgreich sein, wenn ich nicht ständig an meine Grenzen gehe? Geht das überhaupt, dass ich im Team mehr Raum fürs »Men-scheln« lasse, oder kehrt dann Schlendrian ein? Na ja, diese Stimme war ganz leise, und Astrid drängte sie meist erfolg-reich weg.

So sind ihre ersten Worte, als sie in unseren Mindful-Leadership-Workshop kommt, dann auch: »Bitte nicht länger als zwei Mi-nuten still sitzen, sonst muss ich gleich wieder gehen.« Und, umso erstaunlicher, sie bemerkt im Laufe des Tages, dass sie zu-mindest ein paar Minuten lockerlassen kann. Die Übung zur Mindful Communication, in der es um echtes, tiefes Zuhören geht, berührt sie und zeigt auf, wie sich eine Gruppe verändert, wenn diese Qualität von Begegnung möglich ist. Wäre das in ih-rem Team denkbar?

Nachdenklich fährt Astrid nach Hause und beschließt, dass sie es in Zukunft einfach mal probiert. Kann ja nicht so schwer sein, morgens drei bewusste Atemzüge. Und, ihr könnt es euch schon denken, sie bleibt dran.

Über die Wochen stellt sie fest, dass diese kleine Veränderung Spannendes bewirkt: Sie ist etwas geduldiger mit sich und anderen und macht einmal in der Woche einen Team-Check-up, bei dem alle erzählen, wie es ihnen gerade geht. Dadurch entsteht nicht nur eine gute Stimmung im Team, sondern auch mehr Fehlertoleranz. Und zu ihrer Überraschung führt die wiederum dazu, dass nicht mehr so viel Zeit vergeudet wird mit der ewigen Suche nach dem Schuldigen. Wenn etwas wirkt, ist Astrid die Erste, die dranbleibt. Sie baut immer mal kleine Übungen zum Innehalten in ihren Arbeitsalltag ein, und neulich hat sie sich nach Jahren einmal einen entspannten Samstag auf der Couch gegönnt.

Reto

Schulabbrecher Reto war schon immer der Rebell in seiner Familie. Er reiste um die Welt. Sport war dabei seine Passion und etwas, wo er sich beweisen konnte. Wilde Partys und ein ausschweifender Lebensstil waren sein Lebenselixier. Reto fand bald seine Traumfrau, wurde früh Vater und war vor dem Hintergrund seines unkonventionellen Lebensstils sehr froh, dass er einen stabilen Job bei einem spannenden Unternehmen fand. Er konnte es selbst nicht glauben, dass es einen Job gab, der seine Hobbys Sport und Musik verband. Schnell erkannte man sein Talent, Menschen mitzureißen. Bald führte Reto ein Team, dann eine Abteilung. Aber trotz aller äußeren Stabilität bestimmte eine innere Unruhe sein Leben. Diese spiegelte sich auch in seiner Führungsarbeit wider. Er

versuchte immer wieder, Defizite in seinem Team auszugleichen, machte somit viel zu viele operative Arbeiten und verlor das, was ihn eigentlich motiviert: kreative Freiräume. Auf der einen Seite wollte er für sein Team gern der gelassene Kumpeltyp sein, aber die Vorgaben von der Unternehmensspitze wurden immer anspruchsvoller, sodass er sich zerrieben fühlte zwischen diesen Polen. Er ahnte, dass sowohl in der Familie als auch im Job einiges auf der Strecke blieb.

Achtsamkeit verband er aber eher mit den abgefuckten Hippies, die er in Indien gesehen hatte. Sein Gefühl, immer »auf dem Sprung« und auch digital immer »on« zu sein, steht ihm im Weg, eine Übung einfach mal auszuprobieren. Was ihn motiviert, ist, dass Mindfulness ein Trendthema ist. Er sieht es sportlich, bleibt dran und hat schließlich bei der Reflexion seiner Werte und Führungsprinzipien ein Aha-Erlebnis: Wenn er innerlich nicht zur Ruhe kommt, dann kann er im Außen noch so viele Reisen, Jobwechsel und Umzüge in sein Leben bringen, es wird nicht den gewünschten Effekt haben. Er sucht sich einen Coach, um sich bewusster mit seiner Unruhe auseinanderzusetzen, und gleichzeitig merkt er, wie er sich innerlich auch dadurch viel beruhigt, dass er übt, immer wieder im Jetzt zu bleiben.

Hannah

»Wie konnte mir das nur passieren?«, fragt sich Hannah nach ihrem Burn-out immer wieder. Wenn man sie allerdings von außen beobachtete, war es ganz und gar nicht abwegig. Sie war immer die, die »Hier« rief, wenn es eine Aufgabe zu verteilen gab.

Klassensprecherin, Leiterin der örtlichen Umweltgruppe, und auch die Schülerzeitung lebte von ihrem Input. Wenn es wer wuppt, dann Hannah, und dabei noch so wunderbar perfektionistisch. Das schien jahrelang ein Erfolgsrezept. Eine Traumarbeitnehmerin. Das sah auch der Konzern so, in dem sie in der HR-Abteilung arbeitete. Erst so mit Mitte vierzig kamen manchmal – für Hannah aus dem Nichts – kleine Aussetzer. »Gähn«, so müde war sie morgens, dass das Aufstehen unmöglich schien, und manchmal war sie ganz plötzlich tieftraurig. Wo, um Himmels willen, kam das her? Es war mal wieder so ein vollgepackter Tag. Jetzt lag ein Berg voll Arbeit für den Abend neben ihr auf dem Beifahrersitz, und sie musste noch schnell die Kinder vom Hort abholen und bloß den Wochenendeinkauf nicht vergessen. An der Ampel sah sie ein Plakat, das bei ihr einschlug: »Immer nur nett sein ist gefährlicher als Rauchen.« Das war ihr Leben. Tränen überall. Kurz darauf ging gar nix mehr. Erst nach mehreren Wochen in der Klinik wurde es besser. Hier lernte sie achtsamkeitsbasierte Übungen: Sport ohne ehrgeizige Ziele, sanfte Bewegungen, Meditation, »Nein sagen« üben und immer früh ins Bett gehen.

Jetzt ist Hannah wieder zu Hause. Sie kommt sich zwar manchmal immer noch »arg« vor, aber sie hat jetzt viele häusliche Dienstleistungen ausgelagert. Dafür kaufen sie sich halt nicht alle paar Jahre ein neues Auto. Und die Kinder wissen: Wenn das Stoppschild an der Tür hängt, geht man Mama besser nicht nach den verschollenen Turnschuhen fragen. Diese halbe Stunde am Tag mit Yoga, Atemübungen oder Einfach-nur-Daliegen ist Hannah heilig. Wenn sie mal ein paar Tage ausfällt, kippt die jetzt viel fröhlichere Stimmung in der Familie viel leichter.

Schritt für Schritt statt alles auf einmal: Stufenmodelle zur Bewusstseinsentwicklung

Einsteigerbuch mit Ausblick auf mehr

Dieses Buch ist ein Einsteigerbuch. Wir wollen dir nur so viel Theorie mitgeben, wie du in der ersten Etappe brauchst. Und ein klein wenig mehr, um dir eine Idee zu geben, was nach dem Einsteiger-Level noch kommen könnte.

Sobald du etwas tiefer einsteigst, wirst du schnell merken, dass es sehr viel mehr zu dem Thema zu sagen gibt, als in diesem kleinen Buch Platz hat. Und vieles wird auf den ersten Blick widersprüchlich erscheinen: Geht es jetzt darum, die Aufmerksamkeit wohlwollend bei dem zu halten, was im gegenwärtigen Moment auftaucht? Oder doch darum, einen leeren Geist zu kultivieren? Ist es okay, dass ich meditiere, weil ich meinen Stress und meine dauernde Gereiztheit in den Griff kriegen will und effizienter arbeiten möchte? Oder ist das schon wieder eine Zweckentfremdung, weil Achtsamkeit ja eigentlich ganz absichtslos sein müsste?

Die Antwort ist: Alles ist richtig. Es kommt nur darauf an, auf welcher Etappe deiner Reise du gerade unterwegs bist. Wir haben diese Einsicht für uns selbst sehr klärend und entlastend gefunden. Deshalb wollen wir dir hier einen kleinen Überblick geben.

Langfristiger Kompetenzaufbau geht in Etappen

Die Grundidee: Als Laufanfänger brauchst du andere Trainingseinheiten, andere Etappenziele und andere Gewohnheiten als jemand, der im Spitzenfeld des Ultratriathlons über die dreifache Ironman-Distanz unterwegs ist. Von so irren Typen kann man sich inspirieren lassen, wenn man Lust hat. So zu trainieren wie sie wäre unsinnig. Schon allein weil ihr Körper, Muskelaufbau, Stoffwechsel, Kreislauf über die Jahre vollkommen anders geworden ist als der von uns Hobbyläufern.

Auch beim Karate kommt erst der weiße Gürtel, dann der gelbe, und irgendwann kommen die zehn schwarzen. Der höchste Meistergrad ist der 10. Dan. Der Weg dorthin ist lang. Hidetaka Nishiyama war Shotokan-Karate-Meister und hat einen spannenden internationalen Bestseller geschrieben: *Karate – Die Kunst der leeren Hand*. Er war fünfzehn, als er mit Karate begann, und 75, als er seine Prüfung zum 10. Dan absolvierte. Sechzig Jahre tägliches Training, inklusive einer Menge Meditation. Respekt!

In Sachen Achtsamkeit ist das genauso

Die älteste Roadmap für einen stufenweisen Achtsamkeits-Trainingsplan, die wir kennen, hat den abgefahrenen Namen »Anapanasati Sutta« und ist satte 2500 Jahre alt. Buddha beschreibt darin die verschiedenen Kompetenzlevel, die wir im Lauf von sieben Jahren Stufe für Stufe erreichen können.

Leider ist der Text für heutige Leser so kryptisch, dass ihn nur krasse Insider nachvollziehen können. Der Einzige, der ihn uns bisher so erklären konnte, dass wir es zumindest annähernd verstehen, ist der Neurowissenschaftler und Meditationsmeister John Yates. Er hat sich die Mühe gemacht, die Erfahrungsberichte alter Meister wie Asanga, Kamalasila oder Budhaghosa nachzuvollziehen und in ein System für heutige Achtsamkeits-Aficionados zu übersetzen.

Das ist ganz großes Kino. Man merkt in jeder Zeile, wie tief sich John mit der Materie auseinandergesetzt hat, gedanklich genauso wie in der eigenen praktischen Umsetzung. Wenn wir von den Hunderten Büchern mit Achtsamkeitsbezug, die wir im Lauf der Jahre gelesen haben, ein einziges empfehlen müssten, dann wäre es seines.

In einigen Traditionen gibt es abgefahrene Landkarten, die die Entwicklungsstufen des Bewusstseins sehr anschaulich darstellen. Sam ist hier in einer Darstellung unterwegs, die der tibetischen Tradition entlehnt ist. Das Seil in seiner Hand symbolisiert seine Achtsamkeit, die er im Lauf der Zeit immer besser einsetzen kann und der Stock sein Commitment zur regelmäßigen Praxis. Der Elefant steht für Sams Geist, der Affe für das Abschweifen seiner Gedanken und der Hase für das schläfrige Wegdämmern während der Meditation. Ihre Färbung, ihr Verhältnis zueinander, die Flammen am Wegrand und die Wegstrecken zwischen den Stationen veranschaulichen viel detailliertes Erfahrungswissen. Wir gehen in diesem Buch nicht näher darauf ein, wollen dir aber unbedingt mitgeben: Zu jeder Stufe gib es viel Empirie, wichtige Hinweise und konkrete Tools.

Er fügt den klassischen Stufenmodellen noch eine Vorstufe hinzu: eine Praxis etablieren. Das Buch ist allerdings immer noch anspruchsvoll. Es ist ganz und gar auf Meditation im engeren Sinn fokussiert und da wiederum auf die Tradition des Vipassana. Und Stufe 1 beginnt mit einer täglichen Meditationszeit von einer Stunde …

Es darf leicht gehen

Unser Anliegen ist es, mit dem Thema »Mindfulness« möglichst viele Menschen zu erreichen. Dafür hat es sich für uns bewährt, es breiter anzugehen und noch eine Stufe vorher anzufangen, als John das tut. Ganz einfach, weil nahezu sämtliche Gewohnheiten, Arbeitsabläufe und Rahmenbedingungen unseres modernen Alltags der Grundidee eines achtsamen Lebens diametral entgegenstehen. Dennoch ist vieles von Johns Anregungen in dieses Buch eingeflossen. Insbesondere im letzten Teil (Wachstumsphase) findest du mehr dazu.

Minimale Formate als wesentliche Zukunftsfrage

Wir hatten vor Kurzem Richard Davidson zu Gast in einer Gesprächsrunde. Der Mann ist nicht nur ein feiner Kerl, sondern auch die internationale Koryphäe in Sachen Neurowissenschaften und Achtsamkeitsforschung schlechthin. Das *Time Magazine* kürte ihn sogar einmal zu einem der hundert einflussreichsten Menschen der Welt.

Auf die Frage nach den großen Forschungsschwerpunkten der nächsten Jahre nannte er zu unserer Überraschung einen Aspekt, der gut zu diesem Buch passt: »Wir haben knapp acht Milliarden Menschen auf diesem Planeten. Angesichts dessen, was wir über das Potenzial von Achtsamkeit wissen, ist es völlig unangemessen, dass wir uns nach wie vor auf Trainingsformen fokussieren, die bestenfalls die obersten paar Millionen erreichen. Es sollte uns in Zukunft immer mehr interessieren, wie wir Achtsamkeit jedem Menschen zugänglich machen können. Und was die minimalen Formate sind, ab denen sie schon wirkt. Also nicht ›Acht Wochen täglich eine Stunde‹, sondern: Welche Effekte hat es schon, wenn wir zwei Minuten machen? Welche bei einer? Und wie bekommen wir das vermittelt?«

Schritte statt Sprünge

Eine wesentliche Aussage aller Stufenmodelle ist auch folgende: Du kannst keine Stufe überspringen. Wenn du Ansprüche an dich selbst mit dir herumträgst, denen du auf deiner Stufe noch nicht gerecht werden kannst, oder Übungen machst, auf die dein Geist noch nicht vorbereitet ist, dann wirst du deine Entwicklung nicht beschleunigen, sondern beschädigen. Denken wir wieder an den Sport: Wenn wir nach Jahren als Couchpotatoe zu joggen beginnen, starten wir bitte schön nicht mit dem Ultratriathlon. Noch nicht einmal mit dem Viertelmarathon. In der ersten Euphorie untrainiert wie der Blöde losrennen und dann drei Tage mit Muskelkater in den Seilen hängen oder sich gleich die Bänder reißen – das ist der Garant fürs Scheitern. – Vielleicht werden wir zum Einstieg einfach einmal regelmäßig schnell gehen.

4 Phasen

Statt mit neun Phasen wie bei Asanga oder John Yates begnügen wir uns mit vier. Die sind im Lauf unserer Feldforschung entstanden:

1. Flirtphase,
2. Commitmentphase,
3. Genussphase,
4. Wachstumsphase.

Die allermeisten Stufen der Altvorderen (Stufe 1 bis 9 bei Asanga, etwa 2 bis 9 bei John Yates) haben wir einfach in die vierte und letzte Phase unseres Modells gepackt. Das soll deutlich machen: Wenn du den Einstieg erst einmal geschafft hast, muss die Reise noch lange nicht zu Ende sein!

Flirtphase

Vor ein paar Jahren war unser Seminar noch für die absolute Mehrheit der Teilnehmerinnen der erste Kontakt mit dem Thema Achtsamkeit. Das hat sich verändert. Heute gib es viele, die schon einmal »etwas in diese Richtung« gemacht haben, es gut fanden, aber es wieder aus den Augen verloren haben. Jetzt kommen sie zu uns, um wieder daran anzuknüpfen.

Umfragen[2] legen nahe, dass rund zwölf bis dreizehn Millionen Menschen in den deutschsprachigen Ländern mit dem Thema flirten. Sie sind immer wieder in Kontakt damit, haben erste praktische Erfahrungen gesammelt und nehmen sich sogar vor, es irgendwann regelmäßig anzugehen.

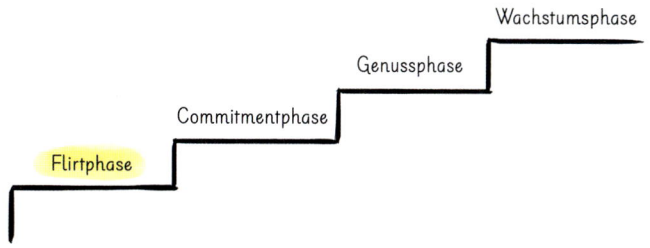

In der Flirtphase geht es darum, ein klareres Verständnis davon zu entwickeln,

- was Achtsamkeit überhaupt ist,
- was du dir davon versprichst und ob das für dich ausreichend motivierend ist,
- welcher Trainingszugang für dich geeignet ist.

Hürden

Was macht es in der Flirtphase schwer, den nächsten Schritt zu gehen?

- Mangel an relevanten Informationen: Einfach mal etwas ausprobieren kann jeder. Aber es dann jeden Tag machen und bewusst eine neue Gewohnheit etablieren ist anspruchsvoll. Bevor wir das versuchen werden, brauchen wir einen verdammt guten Grund, warum wir das tun sollten. Und konkrete Informationen, wie wir das angehen. So, dass es für uns, unsere Vorlieben, Stärken und Rahmenbedingungen passt.
- Die Zeit ist noch nicht reif: Es gibt so viel, mit dem wir uns befassen können. Oft dröhnt der Alltag so laut und laufen die Tage so flott dahin, dass wir für ein Innehalten einfach keine Zeit, keinen Raum und vielleicht auch noch keine Notwendigkeit sehen. Nach wie vor finden die meisten von uns erst durch eine mehr oder weniger tiefe Lebenskrise dorthin. Zu unserer Freude werden es aber immer mehr Menschen, die schon früher starten als erst dann, wenn durch ein Burn-out, eine Trennung oder eine schwere Krankheit bereits viel in die Brüche gegangen ist.

Wir haben die häufigsten Missverständnisse und Fragen aus der Flirtphase gesammelt und stellen dir einige davon später jeweils im Abschnitt »An der Schwelle« vor.

Wenn du dieses Buch bis zum Kapitel »Es geht los!« durchgearbeitet hast, verfügst du über alles, was du brauchst, um gut in die Commitmentphase zu wechseln. Der Übergang dorthin ist dadurch markiert, dass du

- einen konkreten, realistischen Trainingsplan für deine formale Praxis entwickelt hast,
- klar benennen kannst, wofür du trainierst, und
- dir selbst ein Versprechen gibst: Ich starte!

Commitmentphase

Du legst los! In bewusst kleinen Häppchen, dafür täglich.

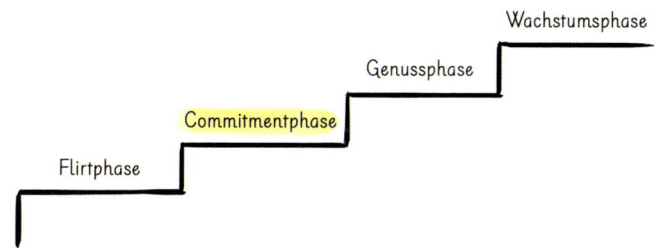

Schwerpunkt

In der Commitmentphase geht es vor allem anderen darum, eine tägliche Praxis zu etablieren.

Hürden

Wir haben Hunderte Berichte gehört von Menschen, die es sich fest vorgenommen hatten … und dann war es plötzlich wieder weg.

- Wir sind mittlerweile davon überzeugt, dass wir Hunderttausende Menschen auf dem Weg in eine achtsame Gesellschaft verlieren, weil der Einstieg noch zu anspruchsvoll ist. Viele Anleitungen sind nicht optimal auf Anfänger ausgerichtet. Und aus dem Stand eine Stunde täglich, ernsthaft? Dieses Buch ist ein Versuch, es dir leicht zu machen. Und wir sind zuversichtlich, dass sich da in den nächsten Jahren noch viel, viel Besseres, weil Unkomplizierteres entwickelt.

- Übertriebener Ehrgeiz und der Motivationsaffe sind eine weitere Hürde.
- Auch überzogene Erwartungen an die Kurzzeiteffekte. Mehr dazu später.
- Und natürlich das Hauptproblem: der Alltag und unser innerer Schweinehund.

Meilenstein

Du hast die Commitmentphase erfolgreich gemeistert, wenn deine Praxis fest etabliert ist. Wir haben als Zeithorizont dafür 42 Tage gesetzt, aber das ist natürlich nur ein Näherungswert.

Genussphase

Du baust deine Praxis auf der soliden Grundlage einer täglichen Routine aus.

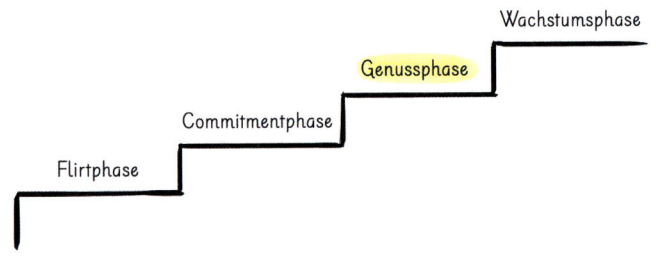

Du übst länger und tiefer und erntest erste Früchte in Sachen Effizienz, Kreativität, Resilienz oder Einfühlungsvermögen.

Hürden

- Der Alltag und der innere Schweinehund sind natürlich immer noch da. Dein Vorteil: Wann immer es dir zu lang oder zu tief wird, kannst du wieder auf die Kurzversion deiner Praxis aus der Commitmentphase zurückgreifen und bewusst reduzieren.
- Die längeren Trainingseinheiten sind anspruchsvoller als ganz kurze und erfordern ein paar zusätzliche Fertigkeiten.
- Viele regelmäßig Übende beschränken ihre Praxis noch auf den formalen Teil. Dadurch kann sie sich zu einem etwas isolierten Hobby entwickeln, das sich weniger mit dem Alltag und dem »wirklichen Leben« verbindet, als es möglich und sinnvoll wäre. Dafür sind die Kapitel »Übung im Alltag« und »Leben« gedacht.

Meilensteine

- Du hast eine tägliche formale Praxis von zehn Minuten oder länger.
- Du hast auch Erfahrungen mit längeren und tieferen Sequenzen.
- In Zeiten von Stress und Zeitmangel kehrst du zur soliden Basis deiner Kurzpraxis aus der Commitmentphase zurück, statt deine Praxis ganz zu verlieren.
- Du lässt auch in deinen Alltag immer wieder Momente und Impulse der Achtsamkeit einfließen und gestaltest deine äußeren Rahmenbedingungen da und dort so um, dass sie deinen Bedürfnissen für ein achtsameres Leben besser entsprechen.

Wachstumsphase

Weiterentwicklung auf einem lebenslangen Weg

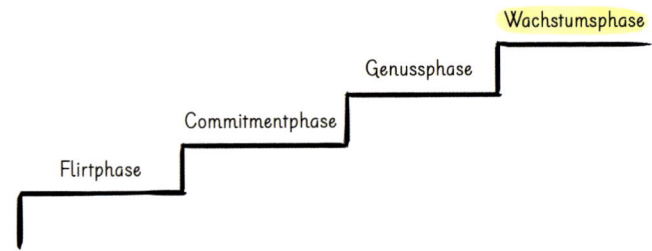

Schwerpunkte

- Du vertiefst deine formale Praxis und die Integration in den Alltag.
- Deine Kapazität und deine Bereitschaft wachsen, dich ebenso wohlwollend wie bewusst deinen eigenen eingefahrenen Mustern und Macken zu stellen.
- Im Zuge dessen merkst du immer mehr, wie sehr wir als soziale Menschen miteinander verbunden und als biologische Lebewesen auf einen funktionierenden Planeten angewiesen sind.
- Du gestaltest dein Leben immer konsequenter im Sinn deiner Werte und Bedürfnisse und machst dir gleichzeitig immer weniger Stress damit, dass sich das Leben und du selbst nicht so kontrollieren lassen, wie das dein kognitives System manchmal gern hätte.
- Das Leben bleibt ein Auf und Ab, und irgendwann ist es vorbei. Das ändert sich nicht. Aber es wird bunter, lebendiger und zugleich ruhiger in dir. Vielleicht erlebst du es auch so, dass du immer mehr deinen natürlichen, guten Platz in der Welt findest. Das mag ein wenig poetisch oder gar kitschig klingen, aber das Lebensgefühl, das damit einhergeht, ist der Hammer :o).

Wir haben es schon ausgeschildert: Wir fassen in dieser vierten Phase alles zusammen, was nach der Konsolidierung kommt. Für den Fall, dass das irgendwann für dich relevant wird (vielleicht schon in ein bis zwei Jahren?), legen wir dir heute bereits ans Herz, das dann differenzierter zu betrachten.

- Es ist wieder einmal wie im Sport: Unsere Routine mag zwar gut etabliert sein, aber wenn wir immer gleich trainieren, wird sie irgendwann stumpf. Obwohl wir viel Zeit ins Training versenken, setzen wir keine wirksamen Trainingsimpulse mehr und stagnieren.
- Wir kennen das von uns selbst und sind immer wieder überrascht, wie viele Menschen es sich in ihrer Praxis gemütlich eingerichtet haben, ohne auch nur eine Vorstellung davon zu haben, wie viel mehr da noch möglich wäre.

Mindfulness Canvas – Dein individueller Trainingsplan mit dem Salzburger Achtsamkeitsmodell

Wahrscheinlich hast du schon das »Mindfulness Canvas« am Ende dieses Buches entdeckt. Wir geben dir eines unserer wichtigsten Tools an die Hand, mit dem du effizient und übersichtlich planen kannst, wie du die Inhalte dieses Buches konkret in deinen persönlichen Alltag umsetzt.

Die Idee dazu kommt aus der Start-up-Szene. Esther hat über viele Jahre sehr erfolgreich Unternehmensgründungen begleitet. Investoren verlangen in der Regel Businesspläne für Unternehmensgründungen. Viele hundert Seiten dick, mit allen möglichen Szenarien rauf- und runtergerechnet und alle Eventualitäten durchanalysiert. Das hat bei einer weitreichenden Investition auch durchaus seine Berechtigung. Nur sieht man irgendwann den Wald vor lauter Bäumen nicht mehr.

Dann ist es Zeit, das Wesentliche übersichtlich auf den Punkt zu bringen. Erfolgsaussichten hat ein Geschäftsmodell erst dann, wenn die Gründerin oder der Gründer es auf einer Seite A3 schlüssig und übersichtlich darstellen kann. Dazu dient das sogenannte Business Model Canvas. Dein Mindfulness Canvas soll dir genau das ermöglichen: alle wesentlichen Eckpunkte für dein ganz persönliches Achtsamkeitstraining systematisch durchzudenken und zu dokumentieren.

Das Buch ist im Weiteren so aufgebaut, dass es dich Schritt für Schritt durch die Felder des Canvas führt. Mach dir unterwegs Notizen, und trag dir die Eckpunkte in dein persönliches Exemplar ein. Wir haben Hunderte Rückmeldungen erhalten von Menschen, die sich ihren Trainingsplan irgendwo gut sichtbar als Erinnerungshilfe aufgehängt haben.

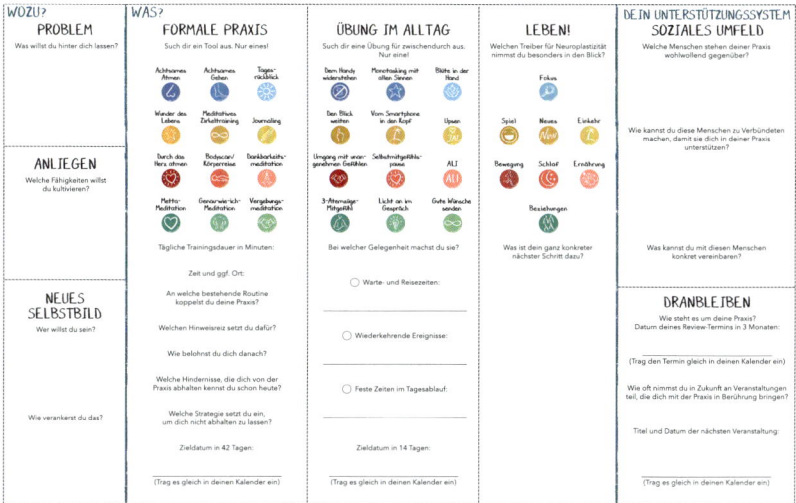

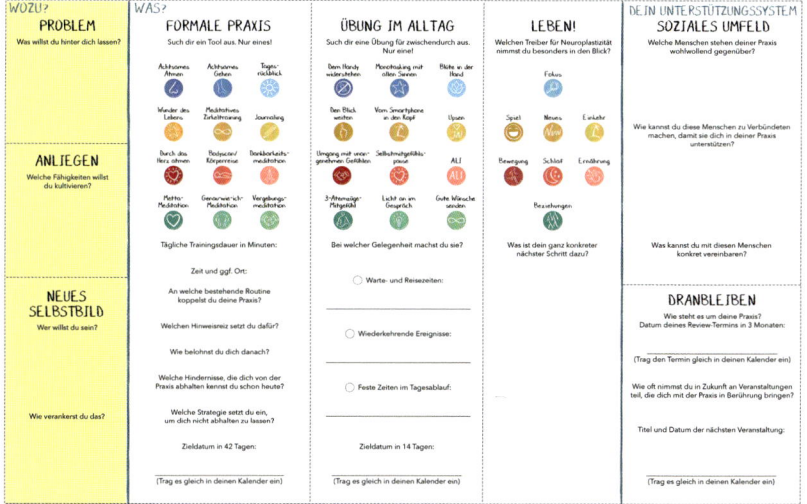

Start with WHY:
Die Sehnsucht nach dem blauen Meer

Wenn du nicht weißt, warum du tust, was du tust,
wie soll es dann jemand anderes wissen?
Simon Sinek

Esther erzählt ...

... Wie ich mein »Why« fand

Als die Assistentin des CEO eines Automobilkonzerns nachts um drei auf den Tisch stieg und vor betrunkenen Abteilungsleitern »Lili Marleen« singen musste, wurde ich, frisch von der Uni, einer Illusion beraubt. Es war meine erste »offizielle« Weihnachtsfeier.

Ich hatte einige Monate zuvor mit diesem Job gestartet. Ich war voller Elan und hatte nichts weniger vor, als dieses Unternehmen mit meinen neuen Konzepten zu revolutionieren. Ich merkte natürlich gleich, dass meine Ideen auf eine sehr etablierte »Das-haben-wir-aber-schon-immer-so gemacht«-Haltung traf, die sich abwechselte mit dem deutlichen Vorbehalt von »Das haben wir aber noch nie so gemacht«. So schnell ließ ich mich aber nicht abbringen. Einige kleinere Ideen konnte ich umsetzen.

Der Einbruch aber kam an diesem Abend. Schlagartig wurde mir klar, welche Haltung (es ist ja schon Jahrzehnte her, und ich höre, dass sich sogar dort in diesem Punkt einiges getan hat) hier gegenüber weiblichen Mitarbeiterinnen herrschte. Verantwortung übernehmen? Female Leadership? Vergiss es.

In diesem Moment wusste ich, dass ich mich auf die Suche machen würde nach Organisationen und Arbeitszusammenhängen, wo Co-Kreativität möglich ist und man auf Augenhöhe miteinander arbeitet. Unbewusst fand ich damals den Zugang zu meinem »Why«.

Und dazu noch Organisationen, in denen all das ging! Mitbewerber bekamen dort Einblick in wichtige Unternehmensdaten, da man davon ausging, dass man sich sowieso ständig weiterentwickelt. Gehälter wurden transparent in Arbeitsgruppen verhandelt, es gab Job-Rotation, Arbeitsstrukturen, die mich stark an agile Konzepte erinnerten – und das alles schon vor über zwanzig Jahren.

Mein Chef sagte damals scherzhaft: »Hinter mir hängt ein Banner an der Wand: Wie es nicht geht, weiß ich selbst.« Das war eine Herausforderung, da man sich keine fertigen Konzepte zur Umsetzung abholen konnte, aber gleichzeitig konnte man wirklich ausprobieren und eigenverantwortlich handeln mit allen Konsequenzen.

Heute haben hier viele Unternehmen aufgeholt: Es gibt Kooperationen, in denen gemeinsam mit Mitbewerbern Konferenzen oder sogar Produkte entwickelt werden. Und mittlerweile freue ich mich sehr, dass uns das auch am Mindful Leadership Institut, das ich vor einigen Jahren gegründet habe, oft gelingt: Eine Unternehmenskultur, die auf Partizipation und gemeinsamem Lernen fußt und in der auch mal was danebengehen darf. Wir arbeiten nur mit Menschen zusammen, mit denen wir uns auch vorstellen könnten, befreundet zu sein. Von unseren Kooperationspartnern, Mitarbeitern über die Dienstleister bis hin zu unseren Kunden.

Ein besondere Art von Kooperation sind vor einer Weile unsere beiden Jungs eingegangen. Sie haben vor einiger Zeit eine »Taschengeldkooperative« gegründet, das heißt alles zusammengelegt, sich über das dadurch schnell gewachsene Sümmchen gefreut, und treffen gemeinsam Entscheidungen. Sie sind dadurch im wahrsten Sinne des Wortes »reicher« geworden – was allerdings nicht verhindert, dass ab und zu mal ein Schlappen nach dem geliebten Kooperationspartner geworfen wird.

»Wenn du ein Schiff bauen willst, dann trommle nicht Männer zusammen, um Holz zu beschaffen, Aufgaben zu vergeben und die Arbeit einzuteilen, sondern lehre die Männer die Sehnsucht nach dem weiten, endlosen Meer.«, sagt Antoine de Saint-Exupéry. Damit wir uns nicht falsch verstehen: Holz, klare Aufgaben und Rollen braucht es auch zum Schiffebauen. Auch davon wird dieses Buch handeln.

Aber davor braucht es noch etwas ganz anderes. Wir alle haben die Erfahrung schon unzählige Male gemacht: Etwas schien uns erstrebenswert. Wir haben uns vorgenommen, alles zu tun, was dafür nötig ist. Wir hatten auch alle Ressourcen, die nötig waren. Und ein klares Bild von den Anforderungen. Voll Elan und Zuversicht stürzten wir uns hinein. Und nach wenigen Tagen oder Wochen verloren wir es doch wieder aus dem Blick. Der Alltag war stärker.

Alles Neue wird auf den Widerstand des Bestehenden treffen. Wenn wir ab morgen jeden Tag meditieren wollen, werden jeden Tag gute Gründe auftauchen, es gerade heute nicht zu tun. Zumindest nicht gerade jetzt. Später vielleicht.

Genau dann brauchen wir gute Gründe, es doch zu tun. Ein Anliegen, das so klar ist und so viel Strahlkraft für uns hat, dass es uns immer einfällt, wenn wir vor der inneren Entscheidung stehen: Investiere ich jetzt in meine neue Gewohnheit, oder kippe ich zurück in die alte?

Diesem Anliegen können wir uns aus drei Perspektiven nähern:

- Wovon wollen wir weg, weil es uns behindert und belastet?
- Wo wollen wir hin, weil uns das angemessener, erfolgversprechender, freudvoller erscheint?
- Wer wollen wir sein?

Mein Problem: Was will ich hinter mir lassen?

Um nicht Gefahr zu laufen, dass du schon beim ersten Stolpersteinchen kapitulierst, kannst du dir in einem ersten Schritt bewusst machen, was deine echten Beweggründe für die Praxis sind. Was bringt dich immer wieder an deine Grenzen? Womit möchtest du gern einen anderen Umgang finden? Welche Signale und Symptome gibt es?

Fragen wir doch mal Astrid, Martin, Reto und Hannah, die du schon kennengelernt hast. Welche Anliegen haben sie?

Astrid war als Jugendliche Leistungsschwimmerin. Wenn sie nach vielen Stunden Training aus dem Becken stieg, hatten sich die Gummiringe der Schwimmbrille so tief in ihre Haut gerieben, dass sie richtige Abschürfungen hatte, die tagelang blieben. Erst Jahre später wird Astrid klar, dass dies ein Sinnbild dafür war, wie sie mit sich umging: Für den Erfolg drängte sie alle Schmerzen weg. Sie fuhr damit beruflich gut, bezahlte aber einen hohen Preis. Den Preis, sich selbst nicht »mitzubekommen« und nicht ernst zu nehmen, was ihr wirklich wichtig war. Ein Symptom, das sie an sich feststellte, war eine latente Unzufriedenheit und Ungeduld; und auch die Neurodermitis, unter der sie seit vielen Jahren litt, meldete sich dann verstärkt. So ist ihr größte Herausforderung, sich selbst zu »erlauben«, dass sie fünf auch mal gerade sein lässt und Astrid gut ist, wie sie ist, auch wenn sie in diesem Moment vermeintlich nichts für ihren Erfolg »tut« und einfach mal ein Buch liest oder sich entspannt mit Freundinnen trifft.

Martin leugnete lang, dass er irgendwelche »Probleme« hätte, denn er ist doch eigentlich immer super drauf, hat die Trennung von seiner Frau gut überstanden, genießt das Leben und sieht auch seine Kinder. Nur nachts verfolgen ihn leise Zweifel. Was hat er alles versäumt mit seinen Kindern, war er wirklich immer so ein guter Chef, wie er sich das einredete? In diesen Nächten wandert er im Haus auf und ab und findet einfach nicht in den Schlaf. Das macht sich natürlich auch tagsüber bemerkbar. Er ist fahrig, unkonzentriert und schleppt sich müde durch den Tag.

Retos innere Unruhe treibt ihn auch am Wochenende früh aus dem Bett. Die Aktivitätenliste ist lang, und neben Sport, Kurztrips und Treffen mit Freunden gibt es wenige Augenblicke, in denen er einfach mal dasitzt und seine Kinder beobachtet, innige Momente mit seiner Frau genießt oder fokussiert länger an etwas arbeiten kann. Immer treibt es ihn weg und weiter, was das Zusammensein mit ihm recht anstrengend macht. Zwar weiß er als Sportler, dass Regeneration wichtig ist, aber so richtig gelingt sie ihm nicht mehr, und in den letzten Monaten fällt ihm auf, dass sich neben einigen Sportverletzungen auch immer wieder nervöse Tics einschleichen und sein Tinnitus sich immer wieder meldet.

Hannah sagt schon immer gerne »Ja«. Zum Leben und zu allen To-dos, die damit verbunden sind. So will sie nicht nur die perfekte Mutter, eine klasse Ehe- und super Hausfrau sein, sondern natürlich auch beruflich alles geben. Doch die Burn-out-Erfahrung zeigte ihr, dass Nein zu sagen und dabei zu bleiben ihre größte Herausforderung ist. Sie fühlt sich dann schuldig und als Versagerin. Erst mühsam hat sie gelernt, dass dies im wahrsten Sinne des Wortes die einzige Überlebensstrategie für sie ist. Damit sie nicht mehr an den Punkt kommt, wo sie das vergisst, hat sie sich eine Warnsymptom-Liste an den Spiegel gehängt, die ihr anzeigt, wann sie sich wieder auf dem »Highway to Hell« befindet: bleierne Müdigkeit am Morgen, Augenzucken, Bluthochdruck und das Gefühl, sich zur Arbeit zwingen zu müssen. Sobald sie mehrere Tage hintereinander eines dieser Anzeichen wahrnimmt, reicht sie Urlaub ein und gönnt sich Zeit nur für sich.

Wie geht es dir? Wo erlebst du in deinem Berufs- oder Privatleben vielleicht einen Leidensdruck? Gibt es Signale und Symptome, mit denen sich dieser Leidensdruck ausdrückt? Zum Beispiel körperliche Signale, sensorische, soziale oder kognitive? Dann schreib sie gleich auf.

Mein Anliegen: Welche Fähigkeiten will ich kultivieren?

Im nächsten Schritt geht es darum, ein Anliegen zu formulieren, dem du zumindest in der Commitmentphase deine tägliche Praxis widmest. Wenn du noch einmal an Präsenz und ihre vier Effekte denkst: Wo zieht es dich am meisten hin? Welche Aspekte (Gelassenheit, Kreativität, Stressresistenz und so weiter) möchtest du entwickeln? Wovon wünschst du dir mehr?
Je klarer du dir darüber bist, warum du mit einer formalen Praxis beginnen möchtest, welche Veränderungen du dir wünschst und welche Ziele du erreichen möchtest, umso leichter wird es dir fallen, dir einen Ruck zu geben, wenn der innere Schweinehund auftaucht, und deine Praxis einfach zu machen.
So möchte Reto zum Beispiel fokussierter werden, Astrid sucht

das Einfühlungsvermögen in sich und andere, Hannah will nicht mehr zu allem automatisch Ja sagen, um nicht wieder ins Burn-out zu schlittern, und Martin möchte seine Schlafprobleme in den Griff bekommen.

Was willst du? Statt: Was willst du nicht?

Vielleicht hast du es schon gemerkt: »nicht mehr zu allem automatisch Ja« sagen, »nicht wieder ins Burn-out schlittern« »Schlafprobleme in den Griff bekommen« sind Aussagen, die darauf abzielen, was jemand *nicht* mehr will.

Der Grundsatz »Unser Unterbewusstes kann nicht ›nicht‹ denken« ist in den letzten Jahren so bekannt geworden, dass du ihn wahrscheinlich schon einmal gehört hast. Berücksichtige ihn unbedingt dabei, wenn du dein Anliegen in Worte bringst.

Nur wenn es dich wirklich »anzieht« – also mit echten positiven Emotionen verbunden ist –, wird es dich auch motivieren und dir durch kritische Phasen helfen. Achte deshalb darauf, dass du es positiv formulierst.

Wenn du Arbeit verrichtest, die du liebst und
die dich erfüllt, dann wird der Rest folgen.
Oprah Winfrey

 **Astrid:** Ich widme meine Achtsamkeitspraxis meiner Selbstliebe.

Martin: Ich praktiziere, um wacher und bewusster durch mein Leben zu gehen.

 **Hannah:** Ich nehme meine Grenzen wahr und respektiere mich selbst. Ich lebe immer mehr *mein* Leben.

Reto: Ich bringe Fokus in mein Leben und spüre mich dadurch selbst mehr und damit auch die Verbundenheit zu meiner Familie.

Das Paradoxon der Achtsamkeit

An dieser Stelle noch einmal eine kleine Warnung beziehungsweise Erinnerung: Mach dir bewusst, was du dir wünschst und warum du die damit verbundene Anstrengung unternehmen willst, regelmäßig zu praktizieren. Aber hüte dich davor, Achtsamkeit als eine Art Instant-Lösung zu betrachten, die dich sofort ans Ziel bringt. Formuliere deine Wünsche, und dann lass diese während der Praxis so gut wie möglich wieder los. Sie wirken im Unbewussten, aber »stören« deine Achtsamkeitspraxis nicht.

> *Wenn ich loslasse, was ich habe,*
> *bekomme ich, was ich brauche.*
> Laotse

Mein neues Selbstbild: Wer will ich sein?

Ein neues Selbstbild hilft, so zeigt die Forschung, damit ich mich auf eine neue Lebenserfahrung einlassen kann. Wenn wir Astrid, Martin, Hannah und Reto fragen, wer sie sein wollen, dann antworten sie:

 **Astrid:** Mitfühlend mit mir und anderen.

 **Martin:** Wach und präsent.

 **Hannah:** Ich bin klar und steh zu mir.

 **Reto:** Zugewandter Vater und Freund.

Trag die Erkenntnisse in dein Canvas ein: Wie geht es dir, wenn sich dein Anliegen erfüllt? Wer soll etwas davon haben? Wer bist du dann für diesen oder diese Menschen?

Das Selbstbild verankern

Im letzten Schritt geht es darum, dein Anliegen zu »verankern«. Finde dazu ein Symbol für deine Absicht, das dich immer wieder daran erinnert.

Wenn du wie die meisten von uns ein visueller Typ bist, kann das zum Beispiel eine Postkarte sein, eine kleine Statue, ein schöner Stein oder ein anderes Objekt, das dir gefällt und von dem nur du weißt, was es bedeutet. Stell es an einem Ort auf, wo du es regelmäßig siehst. Gut geeignet dafür sind der Schreibtisch, der Nachttisch oder der Badezimmerspiegel. So wird dein Symbol dich täglich an deine Absicht erinnern. Wenn du jemand bist, der besonders auf den Tastsinn und Berührung anspricht, kann dein Anker ein Gegenstand sein, den du dir in die Hosentasche oder in die Handtasche steckst. Vielleicht ist es eine kleine Bewegung, etwa dass du dich streckst, deine Schultern räkelst oder dir einmal freundlich über die Augen streichst.

Was auch immer für dich passt, trag es in dein Canvas ein, und hol es dir in den nächsten Tagen und Wochen mehrmals am Tag ins Bewusstsein.

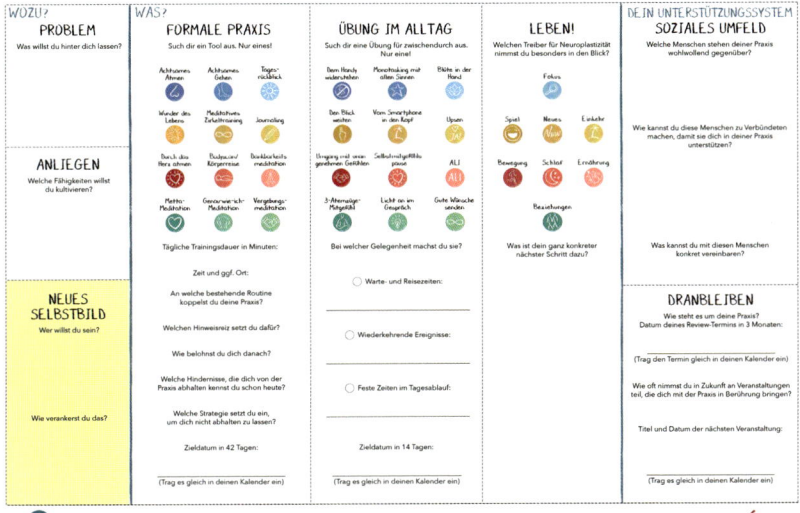

Formale Praxis

Eine der Vorbedingungen für die Teilnahme an unseren Trainerausbildungen ist eine solide eigene Achtsamkeitspraxis. Wer die Erfahrung gemacht hat, welchen Unterschied tägliche Übung für unser Leben bewirkt, kann die Erfahrung weitergeben. Nur dann.

Das schildern wir auch sehr klar aus. In den Vorgesprächen hören wir dennoch überraschend oft Aussagen wie: »Meine Achtsamkeitspraxis besteht vor allem darin, dass ich tagsüber immer wieder bewusst im gegenwärtigen Moment ankomme.«

»Tagsüber immer wieder bewusst im gegenwärtigen Moment anzukommen« ist super! Aus Trainingsperspektive entspricht das der ganz wesentlichen »informellen Praxis«. Mehr dazu im nächsten Kapitel. Doch um es ganz klar zu sagen: Wenn du die Effekte von Achtsamkeit ernten willst, zu denen es all die wissenschaftlichen Studien gibt, dann ist »Tagsüber immer wieder bewusst im gegenwärtigen Moment anzukommen« schlicht und ergreifend zu wenig.

> Alle Studien zu den Effekten von Achtsamkeit beziehen sich ganz klar und deutlich auf formales Üben. Regelmäßig. Täglich.
> Also mach dir nichts vor und leg los. Oder, um es liebevoll mit Jon Kabat-Zinn auszudrücken: *Get your ass on the cushion!*

Die Grundlogik

Das wichtigste Instrument und das schlimmste Missverständnis

Hier siehst du eine Abbildung des wichtigsten Instruments im formalen Achtsamkeitstraining:

 Wenn du unser Buch *Mindful Leader* schon gelesen hast, wirst du es wiedererkennen. Es ist uns so wichtig, dass wir an dieser Stelle sogar eine Doppelung in Kauf nehmen. Dieses Sportgerät heißt »Fingerhantel«. Es hilft uns dabei, mit dem vielleicht schlimmsten Missverständnis rund um Achtsamkeit aufzuräumen. Wir verwenden es in allen Trainings. Und fast jedes Mal hören wir ein, zwei Kommentare wie den folgenden: »Hätte ich das schon früher gewusst! Ich dachte schon, dass Achtsamkeit für mich einfach nichts ist.« Oder: »Ich hatte schon fast resigniert. Aber das ändert ja alles.«

Das vielleicht schlimmste Missverständnis rund um Achtsamkeit ist, dass man »es richtig machen« würde, wenn man ganz ohne Ablenkung an gar nichts dächte. Minuten- oder noch besser stundenlang. Das, Freundinnen und Freunde der Achtsamkeit, ist ein Blödsinn. Etwa so, wie wenn jemand den Jakobsweg geht und sich nach den ersten Schritten darüber ärgert, dass er noch nicht am Zielort Santiago de Compostela angekommen ist.

Das Ankommen ist erst lohnend, sinnvoll und möglich, wenn du dich vorher aufs Unterwegssein eingelassen und den Weg genossen hast. Oder, um es präziser auszudrücken: Im Wachzustand lange an gar nix zu denken kommt im Stufenmodell von John Yates (siehe das Kapitel »Schritt für Schritt statt alles auf einmal: Stufenmodelle zur Bewusstseinsentwicklung«) auf Stufe 7 von insgesamt 10. In der Fachsprache des Vipassana heißt es dann »vollständige Befriedung des unterscheidenden Geistes«. Wenn du konsequent täglich eine Stunde pro Tag meditierst, kannst du nach etwa fünf Jahren damit rechnen.

Ganz ehrlich: Wir kennen mittlerweile viele Menschen, die täglich Achtsamkeit üben. So weit sind die allerwenigsten gekommen. Und das macht nicht das Geringste. Es reicht, einfach in der Genuss- oder in der Wachstumsphase zu sein, und du wirst eine Unmenge an Benefits aus deiner Praxis bekommen. Du wirst aber nie dorthin kommen, wenn du dir mit Ansprüchen wie dem »leeren Geist« das Leben und das Üben schwer machst. Egal, welches Tool du dir aussuchst: Das Grundprinzip der formalen Achtsamkeitspraxis ist immer das gleiche wie bei der Fingerhantel.

How to use a Fingerhantel

Die Fingerhantel dient – anatomisch gesprochen – dazu, die Muskulatur unserer Finger- und Unterarmmuskeln zu trainieren. Das sind Muskelgruppen, die wir zum Beispiel zum Klettern oder für viele andere Sportarten brauchen. Wie trainieren wir diese Muskelgruppen trainingswissenschaftlich richtig?

Wir drücken die Fingerhantel zusammen – Muskelanspannung – und lassen wieder los – Muskelentspannung. Danach kommt die nächste Wiederholung. Durch jede neue Anspannung entsteht ein neuer Trainingsimpuls, der unseren Muskel wachsen lässt.

Was wir nicht tun:

- die Fingerhantel zusammendrücken und dann so lange halten, bis unsere Unterarmmuskulatur vollkommen verkrampft ist,
- dann, wenn wir nicht mehr können, loslassen und uns darüber ärgern, dass wir die Anspannung nicht noch länger halten konnten.

Warum tun wir das nicht? Weil die Muskulatur falsche Trainingsimpulse bekäme und völlig unnötig übersäuern würde. Das weiß und versteht nach unserer Erfahrung so ziemlich jeder.

How to use a Mindfulness Tool

Die Achtsamkeitspraxis dient – anatomisch gesprochen – dazu, unseren präfrontalen Cortex (PfC) und die Insula zu trainieren. Das sind Hirnregionen, die wir zum Beispiel für unsere Aufmerksamkeitssteuerung, Impulskontrolle, Selbstwahrnehmung und Empathie brauchen.

Wie trainieren wir diese Hirnareale trainingswissenschaftlich richtig?

Wir fokussieren unsere Aufmerksamkeit auf ein Objekt (egal, welches, dazu später mehr), halten unsere Aufmerksamkeit – Aktivierung des PfC – und schweifen ab – Deaktivierung des PfC. Das Abschweifen passiert übrigens wunderbarerweise ganz von allein. Wenn wir abschweifen, geht es beim Achtsamkeitstraining einfach darum festzustellen, dass wir abgeschweift sind, und die Aufmerksamkeit bewusst und wohlwollend zu unserem Objekt zurückzuführen. Und genau dieses bewusste, wohlwollende Refokussieren setzt den nächsten Trainingsimpuls.

Was nicht sinnvoll ist, aber viele Menschen trotzdem tun, weil sie es nicht besser wissen:

- auf ein Objekt fokussieren und ganz verbissen am Fokus festhalten,
- den Fokus – unbewusst – verlieren und abschweifen,
- irgendwann drauf kommen, dass sie abgeschweift sind, und sich darüber ärgern,
- frustriert glauben, dass sie einfach irgendwie ungeeignet für Achtsamkeitsübungen sind, weil ihre Aufmerksamkeit das tut, was sie bei jedem Menschen tut: wandern.

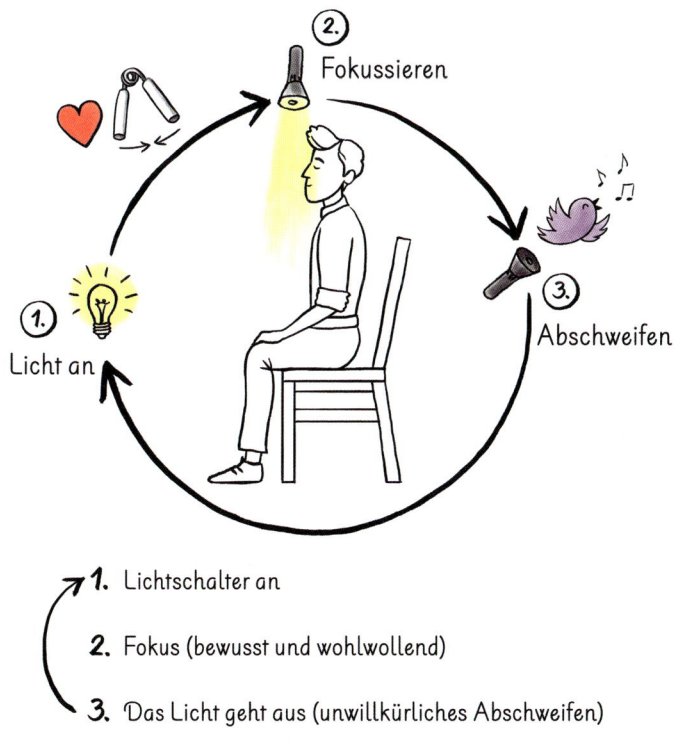

1. Lichtschalter an

2. Fokus (bewusst und wohlwollend)

3. Das Licht geht aus (unwillkürliches Abschweifen)

Grafisch dargestellt sieht das Grundprinzip der formalen Praxis so aus

Mögliche Objekte, die du fokussieren kannst

Im Grunde kannst du alles, worauf du deine Aufmerksamkeit fokussieren kannst, auch als Objekt für das Trainieren deiner Aufmerksamkeit verwenden. In den verschiedenen Achtsamkeitstraditionen haben sich dennoch gewisse Präferenzen gebildet. Hier ein paar zur Orientierung:
Körperwahrnehmung in Ruhe, zum Beispiel:

- Beobachte, wie sich der Fluss deines Atems im Körper anfühlt.
- Variation dazu: Fokussiere eine bestimmte Körperregion (zum Beispiel die Region um die Nasenlöcher, den Brustkorb, den Bauch …), und spüre, wie sich der Fluss deines Atems an genau dieser Stelle anfühlt.
- Geh der Reihe nach bestimmte Stellen in deinem Körper durch, und nimm wahr, wie sich dein Körper dort anfühlt (Bodyscan) …

Körperwahrnehmung in Bewegung, zum Beispiel:

- Geh langsam, und nimm das Heben, Tragen und Senken deiner Füße ganz bewusst wahr.
- Öffne und schließe deine Hand im Rhythmus deines Atems, und spüre, wie sich diese Bewegung anfühlt.
- Verbinde dich ganz bewusst mit den Bewegungsabläufen und Haltungen deiner Yoga-, Qigong- oder sonstigen Praxis …

Sinneswahrnehmung, zum Beispiel:

- Lausche den Geräuschen, die gerade da sind.
- Schmecke, rieche, befühle … ein Nahrungsmittel mit allen Sinnen …

Imagination, zum Beispiel:

- Stell dir einen Berg, einen See oder einen Fluss vor, und werde in deiner Vorstellung ganz eins damit.
- Stell dir einen Alltagsgegenstand vor, zum Beispiel einen Löffel, einen Bleistift oder eine Büroklammer. Halte diesen Gegenstand vor dein inneres Auge, und beweg ihn dann willkürlich, indem du ihn langsam um die eigene Achse drehst – erst horizontal, dann vertikal.
- Geh deinen bisherigen Tag in Gedanken zurück bis zum morgendlichen Aufwachen – so, als würdest du einen Film rückwärts abspielen …

Unwillkürliche mentale Prozesse, zum Beispiel:

- Nimm wahr, welche Gedanken in diesem Moment in dir da sind, wie sie sich auflösen, sobald du sie nicht aktiv weiterbetreibst, und sich ganz von allein neue Gedanken bilden – oder auch nicht.
- Nimm wahr, welche Gefühle, welche Gestimmtheit oder emotionale Färbungen in diesem Moment in dir da sind, wie sie sich auflösen und neu bilden.
- Nimm wahr, wenn sich in dir Handlungsimpulse bilden (zum Beispiel der Impuls, dich zu kratzen, der Impuls, aufzustehen und dir etwas zu trinken zu holen…), wie sie sich auflösen, sobald du sie nicht aktiv weiterbetreibst, und sich ganz von allein neue Impulse bilden – oder auch nicht.
- Nimm wahr, wie sich dein Bewusstsein verhält, wenn du es nicht bewusst ausrichtest: Ist es trüb oder klar, ruhig oder unstet …?

Nun kannst du mit einem dieser Objekte trainieren und den Ablauf Fokussieren – Abschweifen – Vergessen – Refokussieren durchgehen. Du kannst aber auch zwei oder mehrere Objekte miteinander kombinieren. Ein einfaches Beispiel dafür ist die folgende Übung:

1. Leg deine Hände mit der Handfläche nach oben auf deine Oberschenkel.
2. Fokussiere deine Aufmerksamkeit auf den natürlichen Fluss deines Atems, ohne ihn zu verändern (Körperwahrnehmung).
3. Schließ die Finger deiner rechten Hand jedes Mal, wenn du einatmest, und öffne sie jedes Mal, wenn du ausatmest (Bewegung).
4. Stell dir vor, wie sich mit jedem Öffnen deiner Finger eine Lotusblüte in deiner Hand öffnet und mit jedem Schließen wieder schließt (Imagination).

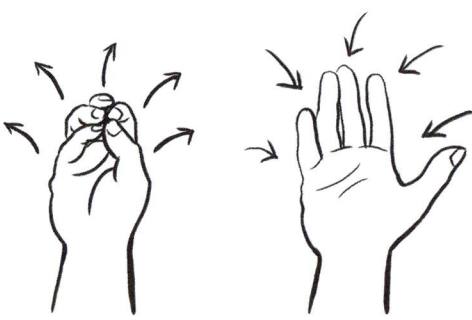

Viele Menschen berichten, dass es ihnen durch diese Kombination leichter fällt, mit ihrer Aufmerksamkeit bewusst bei der Sache zu bleiben, als wenn sie sich zum Beispiel nur auf ihren Atem fokussieren.

Ein anderes Beispiel sind Ablaufmodelle, in denen du ein Objekt fokussierst und danach zu einem nächsten weitergehst. Unser Freund und Kooperationspartner Dan Siegel hat beispielsweise die Technik des »Awareness Wheel« entwickelt, in dem man die eigene Aufmerksamkeit in fünf Schritten zuerst auf die Sinneswahrnehmung richtet, dann auf die Körperwahrnehmung, in Schritt 3 auf die unwillkürlichen mentalen Prozesse, in Schritt 4 auf das Gefühl der Verbundenheit mit anderen und schließlich in Schritt 5 auf die Quelle der eigenen Aufmerksamkeit.

Körperhaltung

Die klassischen Körperhaltungen der Achtsamkeitspraxis sind aufrechtes Sitzen, aufrechtes Stehen, Gehen und Liegen. Sich auf der Couch oder im Bürostuhl lümmeln ist nicht dabei. Das hat gute Gründe:

- In den vier klassischen Haltungen kann der Atem gut und ungehindert durch deinen Körper fließen.
- Dein Körper wird symmetrisch belastet, und du kannst die Haltung länger beibehalten.

Auch wenn du in der Commitmentphase mit zwei Minuten am Tag startest, wirst du irgendwann länger üben wollen, und dann ist es gut, wenn du entsprechende Gewohnheiten etabliert hast. In allen Positionen gilt:

- Achte auf einen langen Nacken und entspannte Schultern. Ein Trick, der dir dafür helfen kann: die Schultern einmal bewusst hochziehen, halten und locker fallen lassen.
- Achte auf die Symmetrie deiner Körperhälften.

Wenn du im Sitzen übst, kannst du es ebenso gut auf einem Stuhl tun wie auf einem Meditationskissen oder einem Sitzbänkchen.

Leg deine Hände entweder in den Schoß, oder leg sie auf deinen Oberschenkeln ab.

Es gibt eine Reihe verschiedener traditioneller Sitzpositionen, auf die wir in diesem Einsteigerbuch aber nicht näher eingehen. Falls du auf einem Stuhl sitzt:

- Stell beide Füße auf dem Boden ab.

Blick

Außer beim Gehen kannst du bei den meisten formalen Achtsamkeitsübungen deine Augen schließen. Wenn es dir lieber ist, kannst du deine Augen aber auch offen lassen. Leg deinen Blick dann einfach entspannt an einem ruhigen, konstanten Ort vor dir ab, an dem es keine Ablenkungen wie Schrift, Bilder oder Bewegungen gibt. Lass ihn weich und unfokussiert werden.

SAMs goldene Regeln für die Commitmentphase

In der Commitmentphase gelten immer die folgenden zehn »goldenen Regeln«. Wir haben sie im ersten Entwurf »eiserne« Regeln genannt wegen der Verbindlichkeit. Aber das war uns dann doch zu hart und martialisch. Also Gold: eine solide Anlage. Wertvoll. In der heutigen Zeit mehr denn je …

Natürlich gibt es Menschen, die ihren Weg in eine stetige Praxis auch irgendwie anders gefunden haben. Aber wenn du eine klare Empfehlung willst, die sich auf den aktuellen Stand der Forschung und Hunderte Erfahrungsberichte stützt, hier ist sie:

1. Such dir ein Tool aus, das dir besonders leichtfällt. Nur eines!

2. Such dir eine klare Anleitung dafür. Folge ihr!

3. Wähle eine konstante, kurze Trainingsdauer, die du täglich einhalten kannst.

4. Übe damit jeden Tag. Jeden Tag!

5. Wähle einen konstanten Zeitpunkt und – wenn möglich – einen konstanten Ort.

6. Kopple dein Training an eine bestehende Routine, und bau dort einen Hinweisreiz ein.

7. Belohne dich unmittelbar nach der Übung.

8. Sammle Erfahrungen mit deinen Hindernissen und deinem Umgang damit.

9. Wenn du einmal einen Tag vergisst, mach am nächsten genauso lang wie immer. Nicht länger!

10. Halt 42 Tage durch.

1. Such dir ein Tool aus, das dir besonders leichtfällt. Nur eines

Du findest im Weiteren zwölf Tools. Sie sind dabei jeweils einem Effekt zugeordnet, den sie besonders unterstützen. Such dir ein einziges davon aus, das dir besonders leichtfällt.

Egal, für welches Tool du dich entscheidest: Es wird dir wahrscheinlich irgendwann in der Commitmentphase lästig, unattraktiv und einfach nicht als das richtige erscheinen. Wenn du dann beginnst, von einem Tool zum nächsten zu hüpfen, ist das ein Garant für eine gescheiterte Commitmentphase.

> Wähl ein Tool, und bleib diesem einen Tool für die nächsten 42 Tage treu. Ganz einfach. Danach kannst du immer noch wechseln.

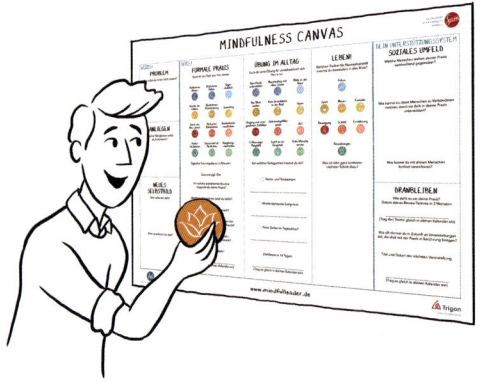

2. Such dir eine klare Anleitung dafür. Folge ihr!

Wir haben unterschiedliche Präferenzen gehört, wie sich Menschen in der Commitmentphase unterstützen lassen. Aber die allermeisten haben eines gemeinsam: Sie haben eine regelmäßige Routine etabliert, indem sie einem klar vorgegebenen Ablauf folgten. Diesen klaren Ablauf kannst du in verschiedenen Formen finden:

- als geschriebene Anleitung, die du verinnerlichst,
- als gesprochene Anleitung, die du während des Trainings hörst – im Rahmen eines Online-Kurses oder über Aufnahmen,
- im Rahmen eines Einsteigerkurses vor Ort.

Zu den »Großen 4« des Salzburger Achtsamkeitsmodells findest du am Ende dieses Buches jeweils zwei Anleitungen. Zu jedem Tool, das wir dir in diesem Kapitel »Formale Praxis« vorstellen, findest du eine Anleitung im Virtual Center auf unserer Website:

www.mindfulleader.de

Jeweils als Text, Audiofile und Video. Schick uns einfach eine Mail an

sam@mindfulleader.de

und du erhältst den Zugang zu diesem Bereich.

3. Wähle eine konstante, kurze Trainingsdauer, die du täglich einhalten kannst

Leg dir die Latte bewusst niedrig. Es geht in der Commitment-phase nicht um außergewöhnliche, tiefe Meditationserfahrun-gen. Es geht einfach um das Etablieren einer Gewohnheit. Und da ist die Habit-Formation-For-schung eindeutig: Täglich ist allen anderen Formen deutlich überle-gen. Dafür können die Einheiten kurz sein. Lächerlich kurz. Wenn du die ersten 42 Tage jeden Tag zwei Minuten machst, und die machst du tatsächlich, dann tust du mehr für dich, als wenn du jeden Sonntag zwei Stunden übtest.

7 min

Marie weiß mehr ...

... warum Babyschritte dich weiter bringen als Siebenmeilenstiefel

Lass dich nicht vom inneren Motivationsaffen austricksen. Dieser, so der Gründer des Behavior Design Lab in Stanford Brian J. Fogg,[1] lässt uns unrealistische Ziele verfolgen. Er lässt uns dann manchmal Erstaunliches leisten, aber meistens verlässt er uns, wenn wir ihn am dringendsten brauchen. Denn, so belegt die Forschung eindrucksvoll, nicht die Motivation ist das Wichtige, sondern das tatsächliche Verhalten. Stell dir vor, jemand verspricht dir eine Million dafür, dass du deinen Blutzucker von jetzt auf gleich senkst. Dann hast du vielleicht eine hohe Motivation, das zu machen, aber das heißt noch lange nicht, dass du es damit schaffst. *»Motivation is not the winning ticket for long-term change.«*

Die vielleicht wichtigste Erkenntnis der Forschung ist in diesem Zusammenhang, dass uns nicht der große Vorsatz (»Ich werde ab jetzt und für immer täglich ausgiebig meditieren!«) weiterbringt, sondern der Babyschritt (»Nach dem Aufstehen werde ich einen Zahn mit Zahnseide reinigen/drei bewusste Atemzüge nehmen«).

Brian J. Fogg bringt hier das Beispiel einer Unternehmensgründerin: Sie war smart, sie war gut vernetzt und aktiv und vor zwei Jahren Mutter geworden. Sie entwarf To-do-Listen, Businesspläne und Analysen, aber nichts davon setzte sie um. Bis sie sich eines Tages vornahm, jeden Morgen, nachdem sie ihr Kind in den Kindergarten gebracht hatte, eine Sache zu erledigen, die sie vorher auf ein gelbes Post-it schrieb. Und tatsächlich. Das Unternehmen wurde erfolgreich gegründet.

»Tiny can grow big. Tiny in size but big on impact«, so Fogg. Wenn wir uns erfolgreich fühlen – dadurch, dass wir diese kleinen Gewohnheiten wirklich umsetzen –, motiviert uns das, mehr zu tun.

4. Übe damit jeden Tag. Jeden Tag!

Es gibt in deiner Woche Tage, die eignen sich nicht für die Praxis, weil du unterwegs bist? Oder weil du keine Zeit dafür hast? Du bist »nicht der Typ« dafür, etwas jeden Tag zu machen? Ja, das mag alles sein. Aber wir sprechen von zwei bis zehn Minuten. Das geht jeden Tag.

Tue es oder tue es nicht. Es gibt kein Versuchen.
Yoda zu Luke Skywalker

Eine aktuelle Studie[2] hat sich damit auseinandergesetzt, welche Aspekte darüber entscheiden, ob neue Mitglieder in einem Fitnessclub ihre Mitgliedschaft dauerhaft nutzen oder rasch zu Karteileichen werden. Die zwei wesentlichen Aspekte waren

- die Häufigkeit des Trainings und
- die Beständigkeit (siehe die Regeln 9 und 10).

5. Wähle einen konstanten Zeitpunkt und – wenn möglich – einen konstanten Ort

Bestimme ein Zeitfenster für deine formale Praxis. Geh dabei nach zwei Kriterien vor:

- Was ist dein Biorhythmus? Wenn du ein Morgenmensch bist, mach deine Praxis besser morgens. Mach sie abends, wenn du dann in deiner besten Form bist. Es gibt auch Menschen, für die mittags am besten geht.
- Was ist pragmatisch am besten machbar? Auch wenn es nur ein paar Minuten sind – du brauchst für deine Praxis ein wenig Zeit, in der du ganz ungestört bist oder dich zurückziehen kannst.

Soweit das möglich ist, richte dir einen festen Ort ein, an dem du ungestört bist, wenn du übst. Wann immer du kannst: Mach dort deine tägliche Übung. Wenn du magst, stell ein Bild oder einen Gegenstand hin, der dich an dein Anliegen erinnert.

Wenn du mit einer kurzen Übungsdauer von ein paar Minuten einsteigst, mag dir das vielleicht übertrieben erscheinen. Tu es trotzdem. Falls du dich später dazu entscheidest, länger zu üben, hast du dir schon eine gute Gewohnheit und einen guten Rahmen dafür zugelegt. Der Ort und seine Gestaltung werden dich dabei unterstützen, immer rascher in eine achtsame Grundstimmung zu kommen und für deine paar Minuten alles andere hinter dir zu lassen.

Wenn du viel unterwegs bist, lass diese Empfehlung (als einzige!) einfach weg. Alle anderen Regeln funktionieren ortsunabhängig.

6. Kopple dein Training an eine bestehende Routine, und bau dort einen Hinweisreiz ein

Unser Anliegen ist es, dich mit diesem Buch so zu unterstützen, dass dir deine Achtsamkeitspraxis in Fleisch und Blut übergeht und du sie so selbstverständlich in dein Leben integriert hast wie das Zähneputzen.

Vielleicht ist genau das der Schlüssel: Zähneputzen. Oder irgendetwas anderes, was du jeden Tag machst. Frühstücken zum Beispiel. Einen Morgenkaffee trinken. Ein mittäglicher Powernap. Zu Bett gehen. Was auch immer es ist, das Erfolgsrezept ist einfach: Such dir eine gut etablierte tägliche Routine aus, und mach in Zukunft *davor* deine Praxis.

Die Routine *darfst* du erst machen, nachdem du die Achtsamkeitsübung vollständig und konzentriert absolviert hast: Morgenkaffee machen? In Zukunft erst, nachdem du deine fünf (oder zehn oder zwei) Minuten trainiert hast. Oder abends Zähne putzen? Erst das Training, dann die Mundhygiene! Als »Hinweisreiz« kannst du

- auf deine Kaffeetasse oder deinen Zahnputzbecher ein »Stop!«-Schild oder ein Erinnerungszeichen kleben,
- dein Anliegen auf eine Karte schreiben und dazustellen,
- Kaffeetasse oder Zahnputzbecher auf den Kopf stellen und die Visualisierung deines neuen Selbstbilds drauflegen,
- Kaffeetasse oder Zahnputzbecher an einem ungewohnten neuen Ort abstellen …

Das Ziel des Hinweisreizes ist es einfach, deinen automatischen, gewohnheitsmäßigen Griff zur Kaffeetasse oder zum Zahnputzbecher zu unterbrechen und dich daran zu erinnern: Moment! Erst die Praxis!

Mit der Zeit wirst du vielleicht merken, dass sich der Hinweisreiz abnutzt. Variiere ihn dann, oder lass dir einen neuen einfallen.

7. Belohne dich unmittelbar nach der Übung

Die »instant celebration« ist superwichtig, wie klein sie auch sein mag. Du kannst dir zulächeln und sagen: »Das hast du gut gemacht!« Du kannst die bestehende Routine, die du jetzt – endlich! – nach absolviertem Training machen *darfst*, ganz bewusst als Belohnung genießen.

Und in jedem Fall: Führ eine Liste (auf einem Blatt Papier, in deinem Handy, in einem Aufstellkalender oder wo auch immer), und feiere deinen heutigen Erfolg damit, dass du ihn dort einträgst. Mit einem Strich, einem kleinen Herzen oder wie auch immer.

8. Sammle Erfahrungen mit deinen Hindernissen und deinem Umgang damit

Machen wir uns nichts vor: Du wirst nicht immer Lust haben, und manchmal wird die Zeit dir zwischen den Fingern zerrinnen. Vielleicht werden dich auch deine Kinder vom Meditationskissen zerren, oder das Telefon will einfach nicht aufhören zu klingeln. Sei also realistisch, und reflektiere einen Moment darüber, welche Hindernisse vermutlich auftauchen werden. Überraschungen wird es dann immer noch genug geben:

- *Schritt 1, gleich jetzt:* Frag dich ehrlich, welche Dinge dir schon jetzt einfallen, die dich an einer regelmäßigen Praxis hindern könnten: zu wenig Zeit? Rückenschmerzen? Zu müde nach der Arbeit, zu schläfrig nach dem Aufstehen? Kleine Kinder, die deine Aufmerksamkeit möchten? Was sind denn deine ganz speziellen Gewohnheiten, mit denen du Dinge gern verschiebst?

- *Schritt 2, auch gleich jetzt:* Überleg dir, welche Strategien du anwenden könntest, um diese Hindernisse zu überwinden. Vielleicht magst du erst eine Runde um den Block gehen, bevor du am Abend praktizierst, damit du nicht so müde bist? (Dann kannst du auch gleich ein Häkchen hinter den Aspekt »Bewegung« machen.) Könntest du zehn Minuten früher aufstehen, um Zeit für die Praxis zu finden? Mit deinen Familienmitgliedern besprechen, dass und wann du genau einmal am Tag für zehn Minuten absolut deine Ruhe brauchst? Ein »Stop!«-Schild, das deine Familie daran erinnert ...? Lass dir etwas einfallen. Es gibt immer Möglichkeiten.

- *Schritt 3:* Wenn du deine Trainingseinheit einmal ausgelassen hast, geh neugierig und wohlwollend der Frage nach, was dazu geführt hat. Überleg dir gleich am selben Tag eine Strategie, mit der du sicherstellen kannst, dass dich dieses Hindernis nicht mehr abhält.

9. Wenn du einmal einen Tag vergisst, mach am nächsten genauso lang wie immer. Nicht länger!

Jon Kabat-Zinn ist als Begründer der »Mindfulness-Based Stress Reduction (MBSR)« einer der großen Pioniere von Achtsamkeit in der westlichen Welt. Vor ein paar Jahren erzählte er uns in Salzburg, dass er sich vor vielen Jahrzehnten vorgenommen hatte, täglich zu meditieren, und seither genau einen Tag einmal nicht meditierte. Das ist in unserer persönlichen Statistik tatsächlich ein einsamer Rekord. Die meisten unserer Gesprächspartner, die heute in einer regelmäßigen Achtsamkeitspraxis angekommen sind, hatten in der Commitmentphase das Ziel, täglich zu üben, und hielten es fast täglich ein. Das Wörtchen »fast« ist hier wichtig!

Spannenderweise ist es nur eine kleine Minderheit, die die ersten 42 Tage völlig lückenlos absolvierte. Das entscheidende Element ist also nicht die Hundertprozentigkeit, sondern die Frage, wie du mit den zwei, drei Aussetzern umgehst, die den meisten »passieren«.

Einige von uns, Johannes eingeschlossen, würden hier intuitiv eher zum Kompensieren neigen: »Wenn ich einen Tag vergessen habe, dann mach ich am nächsten Tag doppelt so lang.« Das klingt für sie irgendwie entschlossener und sauberer. So hat man ja am Ende der 42 Tage zumindest die komplette Trainingszeit wieder absolviert, wenn auch etwas anders verteilt.

Erfolg ist die Fähigkeit, von einem
Misserfolg zum anderen zu gehen, ohne
seine Begeisterung zu verlieren.
Winston Churchill

Die Habit-Formation-Forschung ist hier aber eindeutig: Finger weg vom Kompensieren!

Dazu ein kleines Gedankenexperiment, anknüpfend an das Vorhaben »Wenn ich einen Tag vergessen habe, dann mach ich am nächsten Tag doppelt so lang«: Wie lange machst du nach zwei vergessenen Tagen? Wie lange nach drei? Der Mechanismus wird schnell klar: Mit jeder Verdoppelung wird die Hürde für den Wiedereinstieg höher.

Steck dir also ein konstantes Ziel für jeden Tag, und erreich es jeden Tag neu.

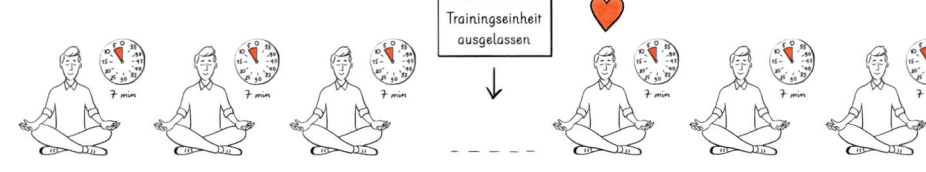

10. Halt 42 Tage durch

Im Sinn der Neuroplastizität ist es offensichtlich, dass wir eine Tätigkeit viele Male üben müssen, bis sie uns in Fleisch und Blut übergegangen ist. Wie viele Male genau? Dazu gibt es unterschiedlichste Studien. Manche geben 21 Tage an, andere 35 oder 60. Wenn man sie sich näher ansieht, sind sie methodisch alle etwas fragwürdig. Nach vielen Gesprächen mit Neurowissenschaftlern und mit anderen Achtsamkeitspraktizierenden sind wir zum Schluss gekommen, dass die Anzahl an benötigten Tagen bis zur etablierten Routine sehr unterschiedlich ist. Faktoren, die eine Rolle spielen dürften, sind:

- Wie viele andere förderlichen Routinen hast du bereits in deinem Leben etabliert?
- Ist die neue Gewohnheit, die du verankern möchtest, einfach oder anspruchsvoll?
- Führst du ein Leben, das in einigermaßen ruhigen und geordneten Bahnen verläuft, oder bist du permanent auf Achse in verschiedensten Kontexten?
- Hast du ein Umfeld, das dich unterstützt, oder eines, das es besonders herausfordernd für dich macht?

Und dennoch ist es aus Trainingsperspektive sinnvoll, wenn du dir ein klares, eindeutiges Ziel setzt. Es kommt dabei weniger auf die exakte Anzahl an Tagen an als darauf, dass du deine Selbststeuerung auf ein messbares, erreichbares, realistisches Ziel ausrichtest.

Wir empfehlen auf Basis von Douglas Adams 42 Tage. Mittlerweile wird diese Vorgabe auch durch Hunderte positive Rückmeldungen unserer Teilnehmer unterstützt.

FORMALE PRAXIS

Such dir ein Tool aus. Nur eines!

Achtsames Atmen

Achtsames Gehen

Tagesrückblick

Wunder des Lebens

Meditatives Zirkeltraining

Journaling

Durch das Herz atmen

Bodyscan/ Körperreise

Dankbarkeitsmeditation

Metta-Meditation

Genau-wie-ich-Meditation

Vergebungsmeditation

3 Tools für Fokus und Effizienz

Lernen, den Fokus unserer Aufmerksamkeit ganz eng und scharf zu stellen

Mit den folgenden Übungen kannst du deinen Geist darin üben, unserer permanenten Unterbrechungsunkultur gegenzusteuern und dein Bewusstsein auch in stressigen Zeiten ruhig und stabil zu halten.

Achtsames Atmen

Hier ist das Objekt deiner Aufmerksamkeit die Wahrnehmung des Körpergefühls, das durch das Einatmen und das Ausatmen entsteht. Schließe die Augen, und verfolge den natürlichen Rhythmus des Atems. Versuche nicht, besonders langsam oder gleichmäßig zu atmen. Suche dir einen Bereich deines Körpers, wo du den Atem gut spüren kannst, zum Beispiel Nasenflügel oder Bauchdecke. Bleib mit dem Bewusstsein bei diesem Bereich. Wenn es hilfreich ist, kannst du auch innerlich die Atemzüge zählen, zum Beispiel von 10 bis 1 und dann wieder bei 10 beginnen.

Als Variante dazu: Drei-Punkt-Meditation

Hier verfeinerst du deine Aufmerksamkeit dadurch, dass du verschiedene Stationen im Prozess deines Atmens bewusst wahrnimmst. Die Drei-Punkt-Meditation ist sowohl für Anfänger als auch für Erfahrene spannend, da sie uns eine hohe Fokussierung ermöglicht und in einer längeren Meditation immer wieder als Anker dient, um uns wieder zu sammeln. Bringe dazu dein Bewusstsein zum ersten Impuls des Einatmens (Punkt 1), dann zum ersten Impuls des Ausatmens (Punkt 2) und schließlich zum Wendepunkt, das heißt zu jener Millisekunde, wo das Ausatmen aufgehört hat und das Einatmen noch nicht wieder eingesetzt hat (Punkt 3). Wiederhole diese Abfolge für einige Minuten. Versuche auch hier (soweit möglich) den Atem nicht zu verändern, sondern wahrzunehmen.

Manche erfahrenen Lehrer empfehlen übrigens Folgendes: Übe die erste Zeit mit dem achtsamen Atmen. Nach einer Weile wirst du feststellen, dass es dir immer leichter fällt, ihn zu spüren, und dein Geist beginnt, sich zu langweilen. Wechsle dann zur Drei-Punkt-Meditation. Sie ist anspruchsvoller und damit auch interessanter. Es ist ein wichtiger Grundgedanke der Achtsamkeitspraxis, dass du deinen Geist immer so fordern solltest, dass es ihm nicht unnötig schwerfällt, bei der Stange zu bleiben.

Achtsames Gehen

Hier ist das Objekt deiner Aufmerksamkeit die Wahrnehmung deines Körpers in Bewegung. Bei der Gehmeditation verfolgen wir nicht wie sonst beim Gehen das Ziel, von A nach B zu kommen. Versuche stattdessen, dich in jeden einzelnen Schritt hineinzuentspannen. Mach den Weg selbst zum Ziel. Such dir dazu eine Strecke, auf der du circa zehn Schritte vor und zurück gehen kannst. Lass dich ganz ein auf den Bewegungsablauf, indem du einen Fuß nach dem anderen hebst, trägst und wieder auf den Boden setzt. Nimm so präzise wie möglich wahr, was genau beim Gehen mit dem Körper geschieht, zum Beispiel wie die Fußsohle in Kontakt mit dem Boden kommt, und so weiter.

Tagesrückblick

Das Objekt deiner Aufmerksamkeit ist hier deine Imagination, also eine bildliche Vorstellung, die du entstehen lässt.

Setz dich vor dem Schlafengehen noch für ein paar Minuten aufrecht hin. Geh die letzten Bewegungen und Schritte möglichst detailliert vor deinem inneren Auge durch. Schau dir dabei wie von außen zu – so als würdest du den Spielfilm des heutigen Tages rückwärts abspulen. Wie hast du dich auf das Kissen (den Stuhl, die Bettkante …) gesetzt? Wie bist du in den Raum gekommen, hast die Türschnalle gedrückt et cetera?

Diese Details können helfen, »in den Film einzusteigen«. Wenn du im Zuschauermodus angekommen bist, werde gern flotter und großzügiger in der Rekonstruktion. Leg dabei insbesondere Wert auf räumliche Veränderungen: Wo bist du aus einem anderen Raum gekommen, bist du Treppen hinauf- oder hinuntergegangen, hast das Haus betreten und so weiter?

Wenn du Emotionen, gedankliche Ablenkungen und dergleichen wahrnimmst, nimm sie wahr, ohne dabei zu verweilen, und kehre mit deiner Aufmerksamkeit zu deinem Film zurück. Der Durchgang ist beendet, wenn du den Tag ohne wesentliche Lücken bis zum Moment des Aufwachens rekonstruiert hast.

3 Tools für Kreativität und Innovationsfähigkeit

Lernen, den Fokus unserer Aufmerksamkeit ganz weit und weich zu stellen

Mit den folgenden Übungen weitest du deinen Geist. Dieses Bewusstsein, das du mit diesen Übungen kultivierst, ermöglicht es dir, außerhalb deiner sonstigen gedanklichen Bahnen, außerhalb deiner »Box« zu denken.

Wunder des Lebens

Erinnere dich aktiv an eine positive Erfahrung, an eine Zeit, in der du Wunder, Glück, Ekstase oder Ehrfurcht erlebtest oder als du laut gelacht oder geliebt und dich geliebt gefühlt hast. Lass diese Bilder ganz intensiv vor deinem inneren Auge entstehen. Vielleicht kannst du die damalige Stimmung nacherleben, die Empfindungen im Körper, die du damals hattest, noch einmal empfinden und so ganz in diese Situation eintauchen.

Das Objekt deiner Aufmerksamkeit ist bei dieser Übung deine Gestimmtheit, die emotionale Färbung deines Bewusstseins, die du in dir entstehen lässt.

Meditatives Zirkeltraining

Bei dieser Übung wechselst du zwischen zwei Objekten deiner Aufmerksamkeit:

Du beginnst mit dem engen und scharfen Fokus auf einen Anker, beispielsweise deinen Atem in der Drei-Punkt-Meditation. Nach einer Weile wechselst du ganz ans andere Ende der Skala in einen anderen Modus, der in der Fachsprache als »offenes Gewahrsein« bezeichnet wird. Dabei lässt du deine Aufmerksamkeit mit einem weichen Fokus in der »inneren Weite« verweilen, die sich einstellt, wenn du dich auf gar nichts fokussierst. Du lässt jegliche Meditationsobjekte los und in diesem »Panorama-Bewusstsein« ganz präsent und offen alles auftauchen, was auch immer sich von Moment zu Moment zeigt, zum Beispiel Körperempfindungen, Gedanken, Geräusche, ohne daran festzuhalten. Wie ein endlos offener weiter Raum.

Zu Beginn gelingt dies vielleicht nur einige Sekunden, bevor der Geist wieder abschweift. Kehre dann zu deinem Anker zurück. Wenn du wieder zentriert bist, kannst du erneut in dieses Panorama-Bewusstsein wechseln.

Der Einstieg gelingt vielen besonders gut über das Lauschen, das heißt, indem sie Geräusche an das Ohr dringen lassen. Wiederhole den Wechsel zwischen Konzentration und offenem Gewahrsein.

Journaling

Unter Journaling versteht man eine Art schriftliche Innenschau. Schreib dazu einmal täglich für zweimal zwei Minuten auf, was immer dir einfällt. In den ersten zwei Minuten ergänze den Satzanfang: »Heute hat mich geärgert/irritiert/gestört, dass …« Unterbrich für diese zwei Minuten den Schreibfluss nicht, und lass den Stift wie automatisch über das Blatt gleiten.

In der zweiten Zwei-Minuten-Einheit ergänze den Satzanfang: »Heute hat mich gefreut/beflügelt/inspiriert, dass …«

Wenn du merkst, dass dir nichts einfällt, schreib einfach auf: »Jetzt fällt mir nichts ein, jetzt fällt mir nichts ein …« Du wirst erleben, dass dein Unterbewusstsein bald neue Impulse sendet und du Sachen schreibst, die dir vorher gar nicht kognitiv zugänglich waren. Nutze dies als eine Art »Ausspeichern« von Dingen, die in deinem Bewusstsein sind und die dir helfen können, dich selbst besser kennenzulernen.

Diese Übung ist zwar keine Achtsamkeitsübung im engeren Sinn. Wir haben dennoch von vielen Menschen gehört, dass sie ihnen geholfen hat, ihre Routine zu etablieren. Unsere Empfehlung: Wenn Journaling dein Ding ist und du dich damit besonders wohlfühlst, nutz es in der Commitmentphase. Danach kannst du es als Vorbereitungsübung auf die eigentliche Achtsamkeitsübung weiterhin beibehalten.

Astrid zum Beispiel geht es heute klassisch an – sie macht sowohl Atemmeditation als auch regelmäßig einen kürzeren Bodyscan von zehn Minuten. In Phasen, in denen ihr besonders viel  durch den Kopf schwirrt, macht sie vor der Atemmeditation zweimal zwei Minuten Journaling. Sie stellte fest, dass ihr das Sitzen danach viel leichter fällt. Zumindest ist das Gedankenkarussell so erträglich, dass sie das Gefühl hat, die innere Fingerhantel noch einigermaßen bedienen zu können. Und das hilft ihr.

3 Tools für Vitalität und Resilienz

Lernen, den Fokus unserer Aufmerksamkeit wohlwollend und klar auf unser Inneres zu richten

Oft verlieren wir in der Hektik des (Arbeits-)Alltags das Bewusstsein dafür, wie es uns geht. Mit folgenden Übungen kannst du dich schnell wieder zentrieren und so deinen eigenen inneren Kompass stärken.

Durch das Herz atmen
Wann immer schwierige Situationen auftauchen, leg – und das wird niemand bemerken – deine Hand auf deine Brust beziehungsweise den Herzbereich, und nimm alles wahr, zum Beispiel welche Temperatur von ihr ausgeht oder wie leicht oder schwer die Hand ist. Stell dir dann vor, dass du durch das Herz atmen könntest, also wie der Atemstrom vom Herzen durch deine Hand nach außen geht und wieder zurück.
Du beginnst diese Übung also mit einem Fokus auf deine Körperwahrnehmung und nimmst dann eine Visualisierung mit dazu.

Bodyscan/Körperreise

Die »Körperreise« kann im Sitzen oder Liegen durchgeführt werden. Dadurch, dass du den einzelnen Regionen deines Körpers deine bewusste und wohlwollende Aufmerksamkeit schenkst, kommst du im »Hier und Jetzt« an und wirst manchmal sogar erleben, wie sich angestaute Spannungen lösen. Dieses innerliche »Abtasten« des eigenen Köpers dauert nur wenige Minuten und kann sogar am Arbeitsplatz durchgeführt werden. Fang dazu zum Beispiel beim Wahrnehmen der Fußsohlen an, geh weiter über die Beine, das Becken und schließlich über die Hände und die Schultern und zum Schluss in den Kopf und dein Gesicht. Frag dich immer, was du wahrnehmen kannst. Dabei ist es ganz normal, dass du an manchen Stellen mehr wahrnehmen kannst als an anderen. Bleib einfach dabei, und nimm wahr, was du gerade jetzt, gerade heute wahrnehmen kannst.

Die Welt verändert sich durch dein Beispiel,
nicht durch deine Meinung.
Paulo Coelho

Dankbarkeitsmeditation

Sei ganz entspannt und aufmerksam. Setz dich so hin, dass du dich konzentrieren kannst und es gleichzeitig bequem für dich ist. Spüre, wie sich dein Geist beruhigt. Manchmal hält die Konzentration nur für eine kurze Zeit, eine Minute, dann wieder fünf oder zehn Minuten. Wann immer du für zehn Sekunden beruhigt oder konzentrierst warst, spüre in deinen Körper, und vernimm die Leichtigkeit und Freude, die sich dort sanft ausbreiten. Versuche wieder und wieder, diese beginnende Konzentration zu erspüren. Mach deine Augen zu, und spüre in deinen Körper hinein. Spüre, wo dein Körper den Boden oder deinen Stuhl berührt.

Visualisiere nun das, was dir im Leben wichtig ist, zum Beispiel deine Familie, deine Freunde, deine Hobbys, deine Arbeit, deine Gesundheit, deine Heimat, die Berge oder Wälder, in denen du wanderst. Sprich nun leise innerlich zu dir »Danke« für all das. Sag danke, dass diese Dinge in deinem Leben sind und es verschönern. Bedanke dich dafür, dass diese Dinge dich zu dem machen, was du bist.

Spüre die erleichternde Dankbarkeit in deinem Herzen.

3 Tools für Einfühlungsvermögen & Sozialkompetenz

Lernen, den Fokus unserer Aufmerksamkeit wohlwollend und klar auf unsere Mitwelt zu richten

Beziehungen sind für uns als »Herdentiere« unser Lebenselixier. Durch vollgepackte (Arbeits-)Tage und immer mehr digitale Kommunikation kann unser Einfühlungsvermögen allerdings leiden. Mit folgenden Übungen kannst du Mitgefühl und Empathie stärken.

Metta-Meditation
Eine klassische Form der Übung ist die sogenannte Metta-Meditation. Der weiche Fokus deiner Aufmerksamkeit gilt dabei sowohl der Person, die du dir jeweils vorstellst, als auch dem Gefühl der »liebenden Güte«, das du in dir entstehen lässt. Dadurch übst du dich darin, in Situationen von Stress und Irritation immer rascher und leichter in eine freundlich-wohlwollende Haltung zurückzufinden.

Beginn damit, die immer gleichen Sätze der liebenden Güte (Metta)

- zuerst an eine nahestehende Person zu senden,
- dann an dich selbst,
- dann an eine Person, der du neutral gegenüberstehst,
- und schließlich an einen Menschen, mit dem du Schwierigkeiten hast.

Denk nun an jemanden, der dir am Herzen liegt: Jetzt beginne, diesem Menschen freundliche Wünsche zu schicken; und Beispiele für Sätze der liebenden Güte sind: »Mögest du glücklich sein«, »Mögest du in Sicherheit und Frieden leben«, »Mögest du gesund sein« … Nimm dir die Freiheit, Worte zu finden, die für dich bedeutungsvoll sind, und wiederhole sie dann bei allen vier Personen, die du dir der Reihe nach vorstellst.

Reto, der ja mit seiner Familie mehr Verbundenheit spüren möchte, übt regelmäßig die Metta-Meditation. Und auch wenn es ihm zu Beginn komisch vorkam, die traditionellen Sätze »Mögest du …«, »Möge ich … « zu sprechen, so gewöhnte er sich schnell daran und spürt nun, welch heilsame Wirkung von dieser Meditation ausgeht. Besonders kann er dies in seinem Herzbereich wahrnehmen, wo er zunehmende Entspannung empfindet.

Genau-wie-ich-Meditation
Beginne mit einer leichten Fokussierungsübung, zum Beispiel auf deinen Atem. Lass dann vor deinem inneren Auge eine andere Person auftauchen. Stell sie dir vor, wie sie dir gegenübersitzt, schau sie an, und sag dir innerlich zum Beispiel: »Dieser Mensch hat Gefühle, Empfindungen, Gedanken und Ambitionen – genau wie ich. Dieser Mensch war irgendwann in seinem Leben traurig, ver-

letzt oder verwirrt – genau wie ich. Dieser Mensch möchte gesund sein, geliebt werden – genau wie ich.« Passe die Sätze für dich an.

Vergebungs-Meditation

Setz dich für die Vergebungs-Meditation bequem hin, schließe deine Augen, und lass deinen Atem frei und natürlich fließen. Entspanne deinen Körper und deinen Geist. Lass deinen Atem sanft in deine Herzregion fließen. Spüre in dich hinein, und fühle alle Barrieren, die du aufgebaut hast. Alle Gefühle, die sich aufgestaut haben, weil du nicht vergeben hast – nicht dir selbst und nicht anderen. Spüre den Schmerz und das Leid, das dein Herz verschlossen hält. Atme sanft ein und aus, und fang an, um Vergebung zu bitten. Wiederhole dabei Worte, die für dich stimmig sind. Lass die Gefühle und Bilder, die dabei entstehen, mit jeder Wiederholung intensiver und tiefer werden. Eine ausführliche Anleitung dieser von Jack Kornfield inspirierten Meditation findest du im Anhang.

Umfassende Trainingssysteme wie Yoga, Tai-Chi, Qigong und traditionelle Kampfkünste

Die bis hierher vorgestellten Techniken kannst du mit minimalem Zeitaufwand in deinen täglichen Ablauf integrieren. Wir kennen viele hundert Menschen, die damit ihren Einstieg in eine regelmäßige Praxis geschafft haben.

Und wir kennen viele andere, die ihren Weg über Yoga, Tai-Chi, Qigong, eine Kampfkunst wie Aikido, Kung-Fu, Judo, Karate oder andere Systeme fanden. Viele von ihnen beschreiben, dass diese Zugänge auch deshalb so wertvoll für sie waren, weil sie von Beginn an Körper und Bewegung aktiv und intensiv in die Praxis einbeziehen. Wir selbst machen seit vielen Jahren Yoga als Teil unserer Achtsamkeitspraxis. Johannes täglich eine halbe Stunde, Esther dreimal die Woche eine Stunde.

Wenn du bereits in einem dieser Zugänge unterwegs bist oder eine Affinität dazu hast: Wunderbar – mach mehr davon! Auch hier gelten das Grundprinzip der formalen Praxis und »SAMs goldene Regeln für die Commitmentphase«.

Gerade bei Yoga gibt es im Westen viele Varianten, die sehr auf die Körperhaltungen (Asanas) und den sportlichen Teil der Tradition reduziert sind. Das ist nicht schlimm, solange du für dich den geistigen Teil nicht vergisst.

Du kannst Asanas im Yoga (genauso wie die Bewegungsfolgen in anderen Traditionen) geistlos abspulen und dich nur am körperlichen Workout freuen oder eine Achtsamkeitsübung daraus machen. Zur Achtsamkeitsübung – genau, du weißt es schon bestens – werden die Bewegungen, wenn du sie mit deiner bewussten, wohlwollenden Aufmerksamkeit ausführst. Dabeibleibst. Und jedes Mal, wenn du abschweifst, wohlwollend und bewusst zurückkommst.

Du bist nicht allein!
Dein Unterstützungssystem

Esthers Witz-Repertoire hat sich während ihrer Auszeit im Kloster um den Faktor 10 erhöht. Besonders in der Klosterküche, wo die dort lebenden Benediktinermönche gemeinsam mit den Gästen täglich beim Küchendienst schwitzten, lachte sie Tränen. Neben Bruder David Steindl-Rast, dessen Ideen zu Dankbarkeit und Toleranz für uns wegweisend sind, war Geschirr abzutrocknen ein echtes Erlebnis. Auch sonst herrscht an diesem Ort ein besonderer Geist. Alle Menschen, egal welcher Religion, sind willkommen. In den Gottesdiensten wird das Wort »Schuld« häufig durch »Liebe« ersetzt, es gibt eine offene Mittagsmeditation gemeinsam mit den Mönchen, zu denen alle kommen können, und während der Corona-Zeit streamten die Benediktiner regelmäßig Witze über Facebook. Brüderlichkeit und Friede werden dort nicht nur gepredigt, sondern tatsächlich gelebt.

Die Wurzel der Freude ist Dankbarkeit. Es ist nicht Freude, die uns dankbar macht – es ist Dankbarkeit, die uns Freude macht.
David Steindl-Rast

In diesem Benediktinerkloster nahe Salzburg waren wir das erste Mal in einem Saal mit vielleicht siebzig Menschen. Wir recht weit hinten, und ganz vorne saßen die Mönche in den weißen Mönchskutten. Wir wussten nicht, wer sonst noch da war. Was wir deutlich spürten, war eine ganz besondere Stimmung. Die ohne Worte etwas Tiefes in uns anrührte. Wir sahen uns an und wussten, dass es uns beiden so ging.

Nach der Veranstaltung waren wir draußen im Hof und sahen dort zu unserer Überraschung, dass David Steindl-Rast einer der Mönche im Raum war. Bruder David, den wir bis dahin nur über seine Bücher kannten. Der große Brückenbauer zwischen den Religionen, der sich tief mit der Kraft der Dankbarkeit auseinandergesetzt hat und damit, wie sie uns und die Beziehung zu unseren Mitmenschen verändert. Der mit einer unglaublichen Vitalität, Klarheit und Freude mit über neunzig noch mit unserem gemeinsamen Freunden Lisi und Ha Vinh Tho im Himalaja gewandert ist oder bei Oprah Winfrey zu Gast beim Super Soul Sunday in New York war. Dessen Präsenz uns sogar jetzt beim Schreiben Gänsehaut macht. Bruder David, der heute gemeinsam mit seinen anderen Ordensbrüdern, allen voran Pater Johannes, Bruder Benedikt und Bruder Thomas, eine kleine, stille und beschwingte Kloster-Community rockt. Mit viel Humor, viel Tiefe und viel Dankbarkeit. Mit einem klar durchstrukturierten gemeinsamen Alltag mit unterschiedlichen Formen der Kontemplation. Der Spirit, die Gemeinschaft und die Struktur – genau diese Kombination hat Esther während ihrer Auszeit dort zu einer wunderbaren Leichtigkeit in ihrer Übungspraxis verholfen.

Nun leben wir ja wie die meisten nicht permanent im Kloster. Aber wir können uns selbst soziale Strukturen und Rhythmen schaffen, um besser »dranzubleiben«.

> Ein gutes Unterstützungssystem ist der vielleicht wichtigste Faktor beim Etablieren unserer Praxis. Und in unserer individualisierten Gesellschaft gleichzeitig auch der, den wir vielleicht am meisten unterschätzen.

Von der haarsträubenden Illusion, wir wären auf uns allein gestellt

In unserer hochindividualisierten Gesellschaft neigen wir gern dazu, uns alles selbst zuzuschreiben. Erfolge und Misserfolge. Das hat einerseits was für sich, wenn wir dadurch in den Blick bekommen, wo wir selbst etwas beitragen und verändern können. Gleichzeitig ist es auch komplett naiv und unangemessen. Wie viele Tage wären wir ohne andere Menschen überlebensfähig? Und um wie viel reduziert sich diese Dauer, wenn wir alle Produkte weglassen müssten, die andere für uns hergestellt haben? Zwei? Drei? Vielleicht eine Woche? Weder das Buch, das du in Händen hältst, noch deinen Computer oder den allerbanalsten Bleistift hätten du oder wir allein herstellen können. Niemand könnte das. Nichts von dem, was wir heute haben, können oder wissen, haben wir uns selbst als isoliertem Individuum zu verdanken. Vielleicht klingt das banal, und doch berührt es uns immer wieder aufs Neue. So viel Unterstützung haben wir bekommen, so unzählig viele Vorleistungen, auf denen wir aufbauen können.

Ganz ehrlich: Es entlastet uns auch immer wieder aufs Neue. Gelegentlich neigen wir in unserem Wahnsinn dazu zu glauben, wir müssten alles auf unsere eigenen Schultern packen. Was aus unseren Kindern wird, aus unseren Seminarteilnehmern, aus der Welt und unserem eigenen kleinen Leben. Huiuiui, was für ein Stress! Und wie schön, uns dann hinein zu entspannen in die Erkenntnis: Quatsch! Die ganze Welt ist ja unsere Verbündete.

So können wir es auch mit unserer Praxis angehen … Und als klare, empirisch gestützte Empfehlung: Das sollten wir auch!

MINDFULNESS CANVAS

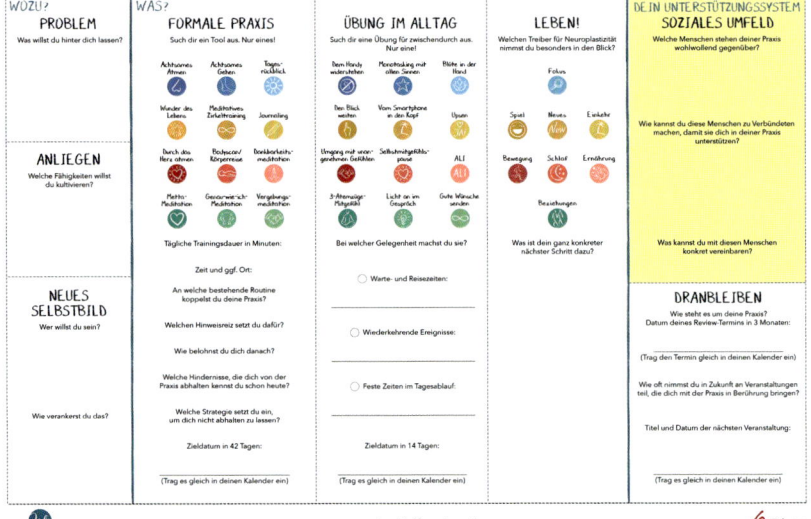

www.mindfulleader.de

Welche Menschen stehen deiner Praxis wohlwollend gegenüber?

Eines der wirksamsten Instrumente, um »dranzubleiben«, sind die anderen. Wenn du ein bisschen überlegst, fällt dir bestimmt jemand ein, mit dem du dich verbünden kannst. Das hilft ungemein! Vielleicht Kollegen, Freunde oder jemand aus deiner Familie. Vielleicht Menschen, die du in einem Achtsamkeitsseminar kennenlernst. Vielleicht eine Community in deiner Nähe oder eine im Internet, der du dich verbunden fühlst. Mach dir vielleicht gleich eine kleine Liste!

Wie kannst du diese Menschen zu Verbündeten machen, damit sie dich in deiner Praxis unterstützen? Wenn du – ergänzend zu allem anderen – Menschen in deinem Umfeld gewinnen kannst, ist das in jedem Fall der größte Trumpf. Und sobald du deine Liste einigermaßen fertig hast (du kannst sie ja unterwegs immer noch ergänzen), überleg dir, wie du das Ganze angehen könntest.

Kurzer Muster-Check

Wir haben immer wieder mal Menschen in unseren Trainings, die davon erzählen, dass sie hier sind, *obwohl* ihnen das Achtsamkeitsgeseiere in ihrem Umfeld (Klassiker: vom Ex-Partner) so auf die Nerven gegangen ist, dass sie sich geschworen hatten, dem Thema auf ewig fernzubleiben.

Was nicht funktioniert, um Menschen für ein Thema zu gewinnen, wissen wir alle, auch aus anderen Zusammenhängen. Einerseits. Andererseits kippen wir alle gern in alte Muster und Automatismen, wenn uns etwas ganz besonders wichtig ist.

Vielleicht hast du vor diesem Hintergrund noch mal Lust, einen Moment lang für dich zu prüfen: Wodurch verlierst du gelegentlich Menschen, wenn du sie für etwas begeistern möchtest? Hier unser »Best of«-Liste (ohne Anspruch auf Vollständigkeit):

- vergessen, dass wir selbst ja auch immer noch ganz am Anfang stehen und uns über andere stellen, weil die in ihrer bemitleidenswerten Beschränktheit noch nicht so toll wie wir zum Thema Achtsamkeit gefunden haben,
- missionarisch und druckvoll daherkommen,
- erhobener Zeigefinger,
- Menschen ungefragt zutexten,
- das Zutexten im Fall von Widerstand mit der entsprechenden Penetranz regelmäßig wiederholen …

Einfach um Unterstützung bitten

Vielleicht passt es für dich, einen Menschen auf deiner Liste einfach um seine Unterstützung zu bitten. Erzähl ihm, was dein persönliches Ziel ist und was er ganz konkret für dich tun kann. Anregungen dazu, was das sein könnte, findest du weiter unten.

Mach eine Achtsamkeitsübung draus!

Möglicherweise wünschst du dir auch, dass ein Mensch auf deiner Liste selbst mit einer regelmäßigen Achtsamkeitspraxis beginnt und du in ihm einen Sparringspartner gewinnst. Vielleicht hat er ohnehin schon seine Offenheit dafür signalisiert, und ihr könnt einfach loslegen. Fantastisch!

Wenn er diese Offenheit noch nicht signalisiert hat: Überleg dir, warum du diesem Menschen nicht für dich, sondern um seiner selbst willen eine regelmäßige Praxis wünschen würdest. Also weniger dafür, dass er dann besser in dein Schema passt, als dafür, dass es *ihm* gut geht. Und dann vergiss all diese Überlegungen, und führ ein Gespräch mit ihm.

Uns allen, ausnahmslos allen, tut es gut, wenn uns andere Menschen ihre wache und wohlwollende Aufmerksamkeit schenken. (Hatten wir das nicht schon mal?) So kannst du dich in einem Gespräch mit ehrlichem Interesse dafür öffnen, wie es diesem Menschen gerade wirklich geht. Was seine tieferliegenden Sorgen, Probleme, Anliegen und Sehnsüchte sind. Der Frage lauschen, wer dieser Mensch sein kann, wenn er sich traut, kräftig sein ganzes Potenzial zu entfalten. Lass dabei deine Absicht los, diesen Menschen für irgendwas zu gewinnen. Mit deiner wachen, wohlwollenden Aufmerksamkeit und deiner Zuwendung hast du bereits den Samen gesät. Was immer daraus entsteht, wird gut sein.

Wir müssen bereit sein, uns von dem Leben
zu lösen, das wir geplant haben, damit wir
in das Leben finden, das auf uns wartet.
Oscar Wilde

Gut möglich, dass daraus ein Anknüpfungspunkt entsteht. Vielleicht auch eine Offenheit für eine Anregung, die du diesem Menschen mitgeben kannst.

Mögliche Anregungen, um das Thema anderen Menschen näherzubringen

Vielleicht ist dein Gegenüber besonders an wissenschaftlichen Erklärungen und Ergebnissen interessiert, vielleicht an einem spannenden Film (zum Beispiel »From Business to Being«), einem Buch (etwa dem, das du gerade in der Hand hältst) oder einem coolen Podcast, zum Beispiel am Podcast »Herz & Hirn« von Nele Kreyßig.

Über verschiedene Zugänge, sich der Achtsamkeit zu nähern, findest du auch viel auf www.themindfulrevolution.org, der Website der Achtsamkeitsverbände. Dort laufen Initiativen in der ganzen Bandbreite von Achtsamkeit in der Partnerschaft über Achtsamkeit in der Schule und im Bildungssystem, im Gesundheitswesen, in der Politik oder in der Wirtschaft bis hin zu Achtsamkeit im Umgang mit unserem Planeten.

Was kannst du mit diesen Menschen konkret vereinbaren? Hier eine Liste mit Anregungen, wieder ohne Anspruch auf Vollständigkeit:

- Der Mensch kann dir einfach regelmäßig »sein Ohr leihen«, wenn du ihm von deinem Trainingsfortschritt und deinen Erfahrungen berichtest.
- Er kann dich in einem bestimmten Intervall kontaktieren und an dein Vorhaben erinnern.
- Ihr könnt dieses Buch gemeinsam lesen, euch euer Canvas gegenseitig vorstellen und einmal pro Woche zum Trainingsfortschritt telefonieren.
- Ihr könnt gemeinsam trainieren. Trefft euch dazu vor Ort, virtuell oder auch nur mental zu einer gemeinsamen Uhrzeit jeder an seinem Ort. Wenn vor Ort oder virtuell, könnt ihr euch danach auch noch austauschen, wie es euch diesmal ging.
- Ihr macht einmal pro Woche ein Mindful Lunch, in dem ihr zum Beispiel während der ersten fünf oder zehn Minuten in Stille und mit allen Sinnen esst.
- Ihr vereinbart einen monatlichen Video-Call zur Frage, wie es euch gerade mit der täglichen Praxis geht, was sich bewährt und welche Fragen und Erkenntnisse für euch daraus entstehen.
- Ihr macht euch gegenseitig auf Seminare und Retreats aufmerksam und verabredet euch dazu, einmal pro Jahr eines gemeinsam zu besuchen …

Von der Flirt- in die Commitmentphase

An der Schwelle

Wir haben dieses Buch so gestaltet, dass du jetzt alle Informationen hast, die du für den Start in die Commitmentphase brauchst. Jetzt geht es darum, eine bewusste Entscheidung zu treffen.

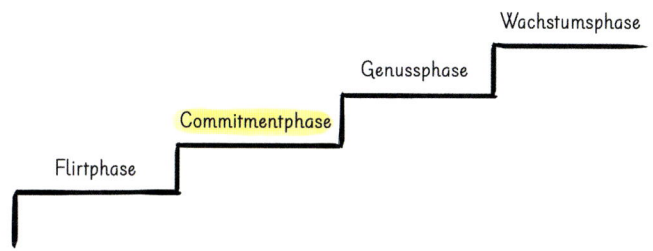

Häufige Gedanken fürs Verlängern der Flirtphase und unsere Antworten dazu

Wie im Kapitel »4 Phasen« angekündigt, haben wir die häufigsten Missverständnisse und Fragen gesammelt, die Menschen den Start in eine regelmäßige Praxis erschweren. Die ganz banalen Wissensfragen wiederholen wir hier nicht. Die Antworten auf »Mein Geist ist zu abgelenkt dafür – bin ich deshalb fürs Meditieren ungeeignet?«, »Was tu ich, wenn ich einfach keine Zeit habe?« oder »Reicht es nicht, wenn ich es einfach ab und zu mal mache?« kannst du mittlerweile spielend selbst beantworten.

Die folgenden Überlegungen, die wir häufig hören, haben mit der Frage zu tun, ob sich der Aufwand wirklich lohnt. Die wollen wir dir nicht vorenthalten. Geh sie bitte einfach durch, und schau, wie deine Reaktion dazu ist.

Was denn noch alles?

- »Es hat mir ja super gefallen. Aber echt jetzt: noch ein Ding mehr, das man täglich tun sollte? A, B und C hab ich mir ja auch schon vorgenommen.«
- A, B und C stehen dabei wahlweise für ein neues Wort in einer Fremdsprache lernen (fürs lebenslange Lernen), einen Geschäftskontakt anrufen (für das Netzwerk), joggen gehen (für die Gesundheit), auf einem Bein stehen (für den Gleichgewichtssinn), ein Dankbarkeitstagebuch führen (für die Lebenszufriedenheit), vor dem Zähneputzen fünf Minuten lang einen Schluck Öl im Mund herumbewegen (für die Entgiftung) …
- *Unsere Antwort:* Überleg dir, was du weglässt. Die Entscheidung für eine regelmäßige Praxis, so kurz sie auch sein mag, geht nach unserer Erfahrung nur, wenn du bereit bist, dafür etwas anderes bewusst zu reduzieren. Wenn du deine Praxis, so kurz sie auch sein mag, nicht zur klaren Priorität machst, wird nichts daraus.

Anmerkung: Im Lauf der Zeit hilft dir die Achtsamkeit, dir klarer zu werden, welchen Ballast du in Zukunft einfach auch weglassen kannst. JOMO (Joy of Missing Out) ist herrlich und wird deine Verzweiflung in Sachen To-do-Listen grundlegend entspannen.

Das funktioniert in der Praxis doch ohnehin alles nicht so

- »Immer achtsam wäre super. Aber irgendwie ist es einfach zu anstrengend.« – »Man denkt einfach zu selten dran, wenn es drauf ankäme.«
- *Unsere Antwort:* Achtsamkeit entwickelt sich nur schrittweise. Das ist manchmal schön und manchmal mühsam. Ob du das

willst, kannst nur du selbst wissen. Dass wir durch regelmäßiges Training immer mehr davon in unserem Leben haben können, zeigen Forschung und Erfahrung.

Anmerkung: Vielleicht ist es wie bei allem, was wir in unserem Leben über einen längeren Zeitraum konsequent verfolgen: Am Anfang sind wir gern einmal euphorisch von den ersten Erfahrungen und darüber, was große Meister können. Wenn wir uns dann selbst abmühen, denken wir möglicherweise immer wieder: »Das schaff ich nie.« Und über die Jahre, ganz allmählich, merken wir, was plötzlich alles geht, was wir nie für möglich gehalten hätten.

Ein einigermaßen angenehmes Leben kann man doch auch billiger haben, oder?

- »Ganz ehrlich: Das mit der Meditiererei ist ja nicht schlecht. Aber XY wirkt bei mir einfach schneller, um mir das Problem vom Hals zu schaffen.«
- XY steht dabei wahlweise für Sport, Physiotherapie, Sauna, in die Natur gehen, kochen, Musik machen, Musik hören, Sex, Pornos gucken, Ego-Shooter spielen, shoppen, Pharmaka einwerfen, Koffein, Alkohol oder ein anderes Mittel zur Symptombekämpfung.
- *Unsere Antwort:* Ja klar, kannst du. Gegenfrage: Reicht dir das?

Anmerkungen:

- Manche Aktivitäten auf der XY-Liste sind neurobiologisch betrachtet vorteilhafter als andere, weil sie dir helfen, dein kognitives und dein somatisches System wieder zu integrieren (siehe unser Buch *Mindful Leader*).

- Manche Aktivitäten sind im Sinne der Selbstwirksamkeit vorteilhafter als andere: Sie setzen bei dir selbst an und machen dich kompetenter im Umgang mit deinen Herausforderungen.
- Alle Aktivitäten auf der Liste kannst du auch weiterhin machen.
- Der entscheidende Vorteil von Achtsamkeit ist, dass sie unmittelbar am »Quellcode unseres Systems« ansetzt. Sport, Musik, Sex, Naturerleben – alles wird intensiver, realer, tiefenschärfer mit Achtsamkeit.
- Noch wichtiger: Dass Achtsamkeit unmittelbar am »Quellcode unseres Systems« ansetzt, hat auch den Vorteil, dass wir an die Wurzel unserer vielfach selbst mitverursachten Probleme, Konflikte, Krankheiten und Überforderungen gehen.

True self-care is not soft baths and chocolate cake.
It is making the choice to build a life you don't
need to regularly escape from.
Brianna Wiest

Es ist okay, in der Flirtphase zu bleiben!

Die meisten Menschen, die heute in der Flirtphase sind, bleiben in der Flirtphase. Das ist vollkommen in Ordnung, und bis hierher zu kommen lohnt sich bereits in jeder Hinsicht.

Auch ohne tägliches Üben kannst du immer wieder einmal eine Achtsamkeitsübung machen, wenn dir danach ist. Für ein paar Momente dem Stress und Alltag entfliehen und zur Ruhe kommen. Das wird nicht immer so funktionieren, aber manchmal ja doch.

Du wirst dich vielleicht weiter mit dem Thema beschäftigen und dir da und dort gute Anregungen holen. Vielleicht immer wieder einmal ein Seminar oder sogar ein Retreat besuchen. Auch dieses Buch kannst du natürlich trotzdem fertiglesen. Es kommt in den nächsten Kapiteln noch eine Menge, was auch ohne regelmäßige Praxis sinnvoll ist. Wir freuen uns sehr, wenn du das eine oder andere davon ausprobierst.

Möglicherweise stellst du dann irgendwann fest: Jetzt hab ich ja schon so viel versucht und getan und gemacht, und trotzdem bleibt es irgendwie unbefriedigend und an der Oberfläche.
Dann sag bitte nicht: »Ja, nettes Buch, hab ich auch gelesen, hat aber auch nicht viel gebracht.« Sondern erinnere dich dann: Da war doch was …? Regelmäßige Praxis als das zentrale Anliegen dieses Buches …

Dafür oder dagegen: Triff die Entscheidung bewusst

Du kannst weiterhin alle Vorzüge einer unverbindlichen Gelegenheitsbeziehung genießen. Oder du entschließt dich jetzt, einen Schritt weiter zu gehen.

Alle Forschungsergebnisse zu den Langzeiteffekten von Achtsamkeit beziehen sich auf Menschen, die sie zum Teil ihres täglichen Lebens haben werden lassen. Mit aller Disziplin, Konstanz und gelegentlichen Mühe, die es dafür braucht.

Und wir können dir aus eigener Erfahrung aus ganzem Herzen sagen: Es lohnt sich. Lass die Entscheidung darüber nicht einfach so passieren, sondern triff sie bewusst!

Bevor du weiterliest, nimm dir noch einen Moment dafür.

Es geht los!

*Wenn dein Entschluss steht,
praktisch zu starten, dann starte jetzt*

Vielleicht hast du es ohnehin schon getan. Wenn nicht, dann nimm jetzt dein Mindfulness Canvas zur Hand. Geh dort den ganzen Abschnitt »Wozu?« noch einmal durch. Und dann »SAMs goldene Regeln für die Commitmentphase«.

Trage zu jedem Feld deine Antwort im Canvas ein. Jetzt. Lies erst weiter, wenn du alle Felder zum »Why« und »Formale Praxis« ausgefüllt hast.

Trage dir in deine Kalender das Zieldatum ein (heute in 42 Tagen) für einen Review-Termin mit dir selbst.

Starte jetzt mit der Achtsamkeitsübung, die du dir vorgenommen hast. Jetzt. Lies erst weiter, wenn du sie in der Zeitdauer und Qualität gemacht hast, die du dir vorgenommen hattest.

MINDFULNESS CANVAS

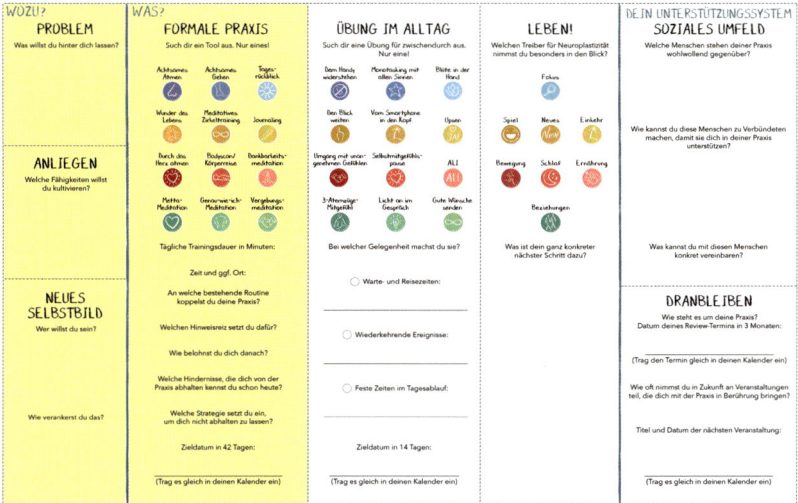

Wenn du fertig bist: Reflektiere deine innere Haltung.

Es ist völlig normal, dass der Geist während der Praxis wandert. Wenn du bemerkst, dass dies geschieht oder dass du schläfrig wirst, bring die Aufmerksamkeit sanft zurück zum Atem, und freu dich über diese Gelegenheit, den nächsten Trainingsimpuls zu setzen. Das ist alles.

Das enthält zwei wesentliche Komponenten: Wohlwollen *und* Commitment. Du brauchst beides. Ohne Wohlwollen gräbst du dir rasch selbst das Wasser und die Freude an der Praxis ab. Ohne Commitment zu einer fokussierten, starken Trainingseinheit beginnst du bald, die Zeit einfach abzusitzen und zu warten, bis der Wecker läutet. Dadurch verpennst du das Wesentliche.

Möge die Fingerhantel mit dir sein!

I change best by feeling good,
not by feeling bad.
Brian J. Fogg

Mach die nächste Wiederholung deiner Achtsamkeitsübung zu dem Zeitpunkt, den du im Canvas dafür vorsiehst. Die Commitmentphase ist erfolgreich gemeistert, wenn du 42 Tage lang täglich geübt hast.

Zwei Hinweise für unterwegs

Kein Futter für den Motivationsaffen!

Es reicht, wenn du so übst, wie du es dir vorgenommen hast. Du baust dir damit eine solide Grundlage, auf die du auch später immer wieder zurückgreifen kannst. Auch wenn es dir der Motivationsaffe einflüstern mag: Es ist nicht notwendig – und wäre sogar kontraproduktiv –, im ersten Überschwang gleich die Übungszeiten auszuweiten.

Der Motivationsaffe ist ein unsteter Geselle: Mal ist er da und will Bäume ausreißen mit dir. Mal ist er weg und lässt dich mit deinem inneren Schweinehund im Regen stehen. Lächle ihm freundlich zu, wenn er auftaucht. Und mach einfach dein Ding, ohne ihm viel Aufmerksamkeit zu schenken.

Falls er nicht auftaucht, mach dein Ding trotzdem. Wenn du dir fünf Minuten täglich vorgenommen hast, dann mach täglich fünf Minuten. Wenn du dir zwei Minuten vorgenommen hast, mach zwei. Mit 100 Prozent Wohlwollen und 100 Prozent Commitment. Jeden Tag.

Wir sind noch im Basecamp, nicht im Wunderland

Wir freuen uns mit dir, wenn du in der Commitmentphase immer wieder einmal erlebst, wie befriedigend es sein kann, konsequent an etwas dranzubleiben. Wenn du es ab und zu genießen kannst, im Hier und Jetzt bei dir anzukommen. Und gleichzeitig: Versprich dir nicht zu viel von den kurzfristigen Effekten. Wenn du zwischendurch den Eindruck hast, dass sich gar nichts tut, und du dich fragst, ob das nicht alles doch nur heiße Luft ist, mach einfach weiter. Achtsamkeit ist im Grunde etwas sehr Unspektakuläres. Bleib dran, du bist gut unterwegs.

Achtsamkeitstraining =
formale Praxis × Übung im Alltag × Leben

Übung im Alltag

ÜBUNG IM ALLTAG

Such dir eine Übung für zwischendurch aus.
Nur eine!

Dem Handy widerstehen	Monotasking mit allen Sinnen	Blüte in der Hand
Den Blick weiten	Vom Smartphone in den Kopf	Upsen
Umgang mit unangenehmen Gefühlen	Selbstmitgefühlspause	ALI
3-Atemzüge-Mitgefühl	Licht an im Gespräch	Gute Wünsche senden

Das vorige Kapitel hat damit begonnen, warum Achtsamkeitstraining ohne formale Praxis nicht geht. Genauso unvollständig bliebe umgekehrt eine formale Praxis ohne Übung im Alltag. Wenn sich Achtsamkeit aufs Meditationskissen beschränkt, bleibt sie ein Hobby für Introvertierte, ein bisschen wie Briefmarken sammeln oder Modelleisenbahn bauen, nur vielleicht irgendwie geistiger und hipper.

Wir haben im Lauf der Jahre eine Unmenge von Anregungen, Ideen und »Micro-Practices« gesammelt und selbst entwickelt. Im Weiteren findest du eine Auswahl der Techniken, die in den Interviews besonders häufig genannt wurden.

Die Schrittfolge fürs Zusammenstellen deiner Übung im Alltag lautet:
1. Such dir eine Micro-Practice aus.
2. Konkretisiere die Gelegenheit, bei der du diese Micro-Practice umsetzen willst, sofern die Micro-Practices nicht ohnehin an bestimmten Gelegenheiten gekoppelt sind.

Schritt 1:
4 × 3 kleine Übungen für zwischendurch –
such dir eine aus

3 Mikro-Übungen, um einen klaren und scharfen
Fokus deiner Aufmerksamkeit zu entwickeln

 *Dem Handy widerstehen*
»Zeig's ihm. Du bist stärker. Ja, du schaffst es.« So könntest du dich selbst anfeuern im Kampf gegen dein Smartphone. Oder besser gesagt gegen deine

Abhängigkeit davon. Weiter vorn im Buch haben wir gesehen, dass wir im Schnitt 47-mal am Tag unser Handy checken. Was würdest du sagen – das ist doch ein echter Automatismus, oder? Probier mal aus, wie es ist, wenn du beim nächsten Impuls, zum Handy zu greifen, ein bis zwei Minuten wartest. Das heißt, du spürst, dass der Impuls da ist, und statt diesem sofort nachzugeben, nimm einfach wahr, was in dir vor sich geht, während du die ein bis zwei Minuten noch nicht auf das Display schaust.

Monotasking mit allen Sinnen

Nimm dir eine Minute, um mit allen Sinnen wahrzunehmen, was du in diesem Moment tust und wie sich das anfühlt. Beispiele:

- Zähne putzen mit allen Sinnen: Spür jede Bewegung mit der Zahnbürste, jede Berührung von Zahn und Zahnfleisch, schmeck den Geschmack der Zahncreme …
- Essen mit allen Sinnen: Rieche und schmecke das Essen so intensiv und differenziert wie möglich, statt es einfach runterzuschaufeln. Fühl seine Konsistenz und Temperatur. Beiß, kau und schluck ganz bewusst.
- Natur erleben: Stell dich zum Beispiel an den Rand eines Bachs, und schließe die Augen: Erkennst du in dem Plätschern eine kleine Melodie? Lass die Gedanken wie Wolken vorbeiziehen. Öffne die Augen, und nimm eine Handvoll Wasser aus dem Bach, lass es durch deine Finger rinnen, und genieße die Frische …

Blüte in der Hand

Diese Übung kennst du schon aus dem Kapitel »Mit Kombinationen spielen«: Leg eine Hand mit der Handfläche nach oben locker auf deinem Oberschenkel ab, und schließe alle Finger wie eine Art geschlossene Lotusblüte. Während du atmest, öffne im Rhythmus deines Ein- und Ausatmens deine Hand wie eine Blüte, die auf- und wieder zugeht. Beim Einatmen schließe die Blüte, beim Ausatmen öffne die Blüte.

Marie weiß mehr ...

... warum der Produktivitätskiller Multitasking neurochemisch belohnt wird

Wir müssen uns übrigens auch gar nicht dafür verurteilen, dass es uns so schwerfällt, das Smartphone mal liegen oder gar ausgeschaltet zu lassen. Man ist kein Dummkopf oder schwach, wenn man der Sogwirkung des kleinen Dings nicht widerstehen kann. Die Hersteller wissen sehr genau, wie das menschliche Gehirn funktioniert, und gestalten die Geräte und Apps entsprechend. Im Grunde haben wir es mit Mini-Spielautomaten zu tun: Jedes Mal, wenn wir danach greifen, löst das in unserem Gehirn einen Dopaminschub aus. Dopamin ist ein wichtiger Botenstoff des Nervensystems, der unter anderem mit Motivation und Vergnügen in Zusammenhang steht. Er löst Glücksgefühle aus, wenn wir etwa essen, Sex haben oder Suchtmittel konsumieren – und weckt in uns den Wunsch nach Wiederholung. Um dem zu widerstehen, braucht es viel Klarheit und Stärke.

Und Dopamin hat noch weitere Effekte. Es wird zum Beispiel ausgeschüttet, wenn wir mehrere Dinge gleichzeitig tun. Studien zeigen, dass dein Gehirn kontinuierlich Dopamin ausschüttet, wenn du an mehr als einer Sache gleichzeitig arbeitest. Neurochemisch gesehen, belohnt dein Gehirn dich mehr, wenn du Multitasking betreibst, als wenn du dich jederzeit nur einer Sache widmest. Wie Daniel Levitin es in *The Organized Mind* ausdrückt: »Multitasking schafft eine Dopamin-Sucht-Feedback-Schleife, die das Gehirn im Grunde dafür belohnt, dass es den Fokus verliert und dass es ständig nach externer Stimulation sucht.«[1]

Allerdings ist Multitasking ein Produktivitätskiller, auch wenn unser Gehirn ständig versucht, uns etwas anderes zu signalisieren. Medien-Multitasking, das heißt zum Beispiel gleichzeitig fernsehen und im Internet surfen, verstärkt dieses Phänomen noch. Aktuelle Forschung zeigt: Probanden mit intensiverem Medien-Multitasking-Verhalten hatten eine kürzere Aufmerksamkeitsspanne und schnitten auch schlechter in den Gedächtnisübungen ab. Die Hypothese liegt nahe, dass Medien-Multitasking Einfluss auf das

Gedächtnis nehme, erklärt Johannes' ehemaliger Studienkollege, der Psychologe und Kognitionswissenschaftler Prof. Simon Hanslmayr von der Universität von Glasgow.[2]

3 Mikro-Übungen, um
zwischendurch den Geist zu weiten

Den Blick weiten

Du hältst deine Zeigefinger nah zusammen auf Augenhöhe und fokussierst dich auf sie. Dann beginnst du, sie langsam auseinanderzubewegen (linker Zeigefinger nach links, rechter Zeigefinger nach rechts), und schaust, wie weit dies geht, wobei du sie noch im Augenwinkel wahrnehmen kannst.

Du wirst merken, dass bei einem bestimmten Punkt der Fokus deiner Augen umstellt – von scharf und auf einen Punkt ausgerichtet auf weit und unscharf. Lass dich auf die Empfindung ein, wie sich mit der Ausweitung deines visuellen Fokus auch deine innere Verfassung weitet.

Vom Smartphone in den Kopf

Such etwas Bekanntes. Etwas, dem du regelmäßig in deinem Leben begegnest. Vielleicht sind es die Äpfel auf dem Baum vor deinem Fenster, die Umrisse deines Autos oder dein Schreibtisch.

Mach mit deinem Smartphone ein Foto von diesem Gegenstand. Visualisiere dieses Bild dreimal am Tag, indem du ein lebendiges und deutlich wahrnehmbares Bild in deinem Kopf erzeugst. Lächle, während du beobachtest, wie du dein mentales Bild aufbaust.

Upsen

Nimm eine Irritation im Alltag bewusst wahr. Spüre im ersten Schritt nach: Was löst der Trigger in dir aus? »Ups!« Geh im zweiten Schritt der Frage nach, warum dich das eigentlich irritiert. Woher kennst du diesen Trigger? »Aha!«

Vertrau darauf, dass dein Gehirn durch diese Mini-Erkenntnis eine neue kreative Perspektive findet. »Ja!«

»Upsen ist wie Googeln, nur nach innen.«
Martina Hesse und Ute Hamelmann

Marie weiß mehr ...

... über das Upsen

Wie können wir einen Kreativitäts-Booster in unseren Alltag einbauen? Eine spannende Idee dazu stellen Martina Hesse und Ute Hamelmann in ihrem Buch *Unsere Zeit ist jetzt* vor. Auf Basis des Kompetenzmodells des amerikanischen Filmtheoretikers und Filmemachers Noel Burch haben sie den genial einfachen Ups-, Aha-, Ja-Prozess entwickelt. Die Idee ist, dass wir Kreativität weiterdenken sollten. Nicht nur Künstler, Kulturschaffende oder Handarbeiter können kreativ sein, sondern wir alle, wenn wir Kreativität als geistige Offenheit, Flexibilität und Agilität verstehen. Die beiden Autorinnen zeigen auf, wie »jeder emotionale Stolperstein, ob positiv oder negativ, das Potenzial in sich trägt, einen kreativen Entwicklungsprozess anzustoßen, wenn wir bereit sind, diesen initialen Impuls, dieses Ups!, wie wir es nennen, zu nutzen«.[3] Indem wir nämlich überlegen, warum wir gerade einen emotionalen Ups! erleben (weil uns etwas freut, trifft, überrascht und so weiter), können wir uns selbst auf die Schliche kommen – Aha! – und gelangen zu einer »neuen Sichtweise, einer besseren Lösung: Ja!« und damit zu mehr spielerischer Handlungsfreiheit und Improvisation. Grafisch sieht das dann so aus:

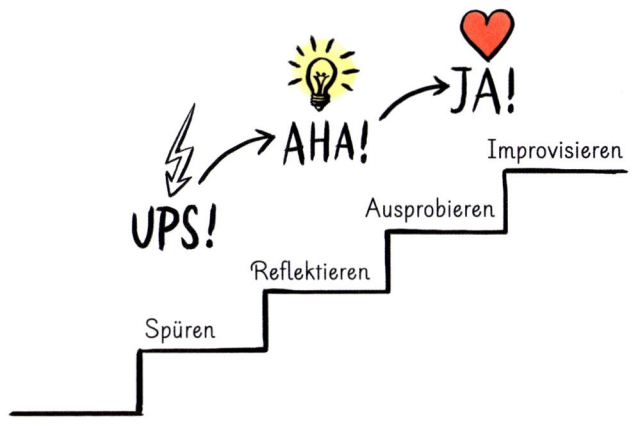

Beispiel gefällig? Wenn ich mich nach einem Gespräch mit einer engen Freundin merkwürdig »überrannt« fühle, da ich den Eindruck habe, dass ich kaum zu Wort gekommen bin (mein Ups!-Moment), kann ich überlegen, warum das so war. Hat mich mein Gefühl von Desinteresse an meinen Themen getriggert, sodass ich innerlich sauer wurde und gar nichts mehr sagte? Kenne ich das schon von mir oder aus meiner Kindheit (mein Aha!-Moment)? Mit dieser Erkenntnis kann ich beim nächsten Mal kreativer reagieren: Statt auf meiner eingefahrenen, automatisierten Verhaltensautobahn zu bleiben und mich genervt zurückzuziehen, kann ich aktiv handeln, indem ich zum Beispiel das Gefühl anspreche oder bewusst darauf achte, eigene Themen einzubringen und mich zu zeigen. Ja! In diesem Sinne: Schau doch mal, wo deine Upse sind.

3 Mikro-Übungen, um einen wohlwollenden und klaren Fokus auf dein eigenes Inneres zu entwickeln

Umgang mit unangenehmen Gefühlen

Wenn du einen unangenehmen Gedanken oder ein unangenehmes Gefühl bemerkst, lade es ein, anwesend zu sein, während du dich darauf konzentrierst. Lass einfach zu, dass es existiert – ohne Urteile oder Bewertungen, ohne Ablehnung oder Widerstand. Weise dem unangenehmen Zustand ein Etikett zu. Gib ihm einen Namen wie »Schmerz« oder »Reizung« oder sogar einfach nur »Autsch«. Oft befreit uns das Benennen einer unangenehmen Erfahrung davon, daran festzuhalten und unsere Aufmerksamkeit zu beanspruchen.

Motto: »Es ist okay.« – »Es darf sein.«

Selbstmitgefühlspause

In besonders stressvollen Momenten kannst du diese Übung ganz unauffällig (zum Beispiel in einem fordernden Meeting) machen, indem du die Hand auf deinen Arm oder Oberschenkel legst, die Berührung wahrnimmst und dir – jeweils mit einer kleinen Pause dazwischen – innerlich die folgenden Sätze sagst:

»Das ist ein echt stressiger Moment. Ein Augenblick des Leidens. Wir alle haben diese Momente in unserem Leben. Möge ich innerlich ruhig werden. Möge ich gelassen sein. Möge ich in Frieden sein.«

Und wenn dir diese eher traditionellen Formulierungen unangenehm sind, dann finde solche, die für dich besser passen.

ALI

ALI ist eine »Zauberformel« für unseren Arbeitsalltag, so Kai Romhardt, Begründer des »Netzwerks Achtsame Wirtschaft«, über seine »Micro-Practice« ALI: A = atmen, L = lächeln, I = innehalten.

A bringt Körper und Geist zusammen. L schenkt uns selbst liebevolle Zuwendung und befriedet den inneren Kritiker und Richter. I gibt uns einen Augenblick jenseits des Funktionierens, Erreichens und nährt das Gefühl innerer Freiheit in uns.

3 Mikro-Übungen, um anderen gegenüber mehr Wohlwollen und Mitgefühl zu kultivieren

Drei Atemzüge Mitgefühl

Während des ersten Atemzuges richte deine Aufmerksamkeit auf deine Atmung. Während des zweiten Atemzuges lass ein Lächeln auf deinen Lippen entstehen. Es erinnert dich an eine freundliche, warmherzige innere Haltung. Mit dem dritten Atemzug sende gute Wünsche an einen Menschen oder dich selbst (zum Beispiel »Mögest du glücklich sein« oder »Mögest du gesund und frei von Leiden sein«).

Licht an im Gespräch

Versuche nach besten Kräften, wirklich zuzuhören (nicht immer nur Sekunden). Wann immer du bemerkst, dass dein Verstand gewandert ist, höre gleich wieder auf die Stimme, die spricht. Möglicherweise musst du

Dutzende Male in einem einzigen Gespräch zurückkehren. Das geht fast allen von uns so. Wir wissen nicht wirklich, wie oft der Geist wandert. Bring dich immer sanft und mit Geduld zurück. Alles, was du tust, ist, den Verstand zu trainieren, genau hier zu sein, genau jetzt.

Gute Wünsche senden

Sende den nächsten drei Menschen, denen du begegnest, innerlich einen guten Wunsch. Wenn jemand traurig schaut, sende ihm vielleicht Zuversicht, wenn jemand vergnügt ist, dass er dieses Glück noch lange empfinden mag, und so weiter. Beobachte auch die Auswirkung auf dich selbst.

Marie weiß mehr …

… über Einfühlungsvermögen und Mitgefühl

Mit Hirnscans wurde untersucht, welche Gehirnregionen aktiv sind, wenn wir Mitgefühl verspüren. Eine bahnbrechende Erkenntnis dabei ist, dass sich das durch langjährige Achtsamkeitspraxis völlig umstrukturiert.

Bei Menschen ohne Achtsamkeitspraxis gibt es die ganze Bandbreite: Manche sind sehr sensibel und feinfühlig für das Leid und die Ohnmachtsgefühle anderer. Das kann ganz schön anstrengend sein und ist gerade in Sozialberufen nichts, was auf

Dauer gesund ist. Oft wird diesen Menschen empfohlen, sich »abzugrenzen« und unempfindlicher zu werden. Abgesehen davon, dass das gar nicht so einfach geht, ist diese Empfehlung auch neurobiologisch fragwürdig. Für diese Abstumpfung zahlen wir aber einen hohen Preis.

Andere Menschen wiederum sind eher hartleibig und unempfindlich dafür, wenn es anderen schlecht geht. Das hat dann häufig Rücksichtslosigkeit und einen entsprechenden Motivations- und Vertrauensverlust im Umfeld zur Folge.

Es geht aber auch anders. Achtsamkeits-Anfänger gehen einen Zwischenschritt: Sie werden erst einmal offener und einfühlsamer für die negativen Gefühle anderer. Sie können sich also emotional besser in andere hineinversetzen.

Bei erfahrenen Meditierenden funktioniert das dann spannenderweise so: Wenn sie Menschen begegnen, die leiden,

- werden Gehirnregionen, in denen das (schmerzhafte) Mit-Leiden mit dem anderen angesiedelt sind, nicht mehr aktiv,
- werden die Gehirnregionen sehr aktiv, die für ein Gefühl von Verbundenheit zuständig sind (die sind zum Beispiel auch bei Müttern aktiv, die gerade Mutterliebe für ihr Kind verspüren),
- werden die Gehirnregionen sehr aktiv, die mit Mut zu tun haben und mit der Bereitschaft, dem anderen zu helfen.

Dadurch werden diese Menschen zu einer aufmerksamen Anteilnahme fähig, die sie nicht mehr belastet und die auch ihrem Gegenüber guttut. Denn Gefühle und Geisteszustände haben eine ansteckende Wirkung. Wenn wir selbst in der Nähe einer leidenden Person Angst empfinden, dann können wir es dadurch für diese Person noch schlimmer machen. Wenn wir dagegen liebevolle Zuwendung ausstrahlen, dann wirkt das beruhigend und tröstend. Gleichzeitig entsteht aus dieser Grundhaltung eine konstruktive innere Stärke, den anderen auch tatsächlich wirksam zu unterstützen.

Wegweisend waren hier unter anderem die Experimente mit dem laut Forschung »glücklichsten Menschen der Welt« Dr. Matthieu Ricard. Der Mönch und ehemalige Molekularbiologe wurde viele Male mithilfe der funktionellen Magnetresonanztomografie untersucht, mit der Veränderungen der Hirntätigkeit in Echtzeit möglich sind (Echtzeit-fMRT).[4]

Matthieu, der als Vortragender unter anderem beim Weltwirtschaftsforum in Davos eingeladen war und dessen Ted-Talk über sieben Millionen Zuseher erreicht hat, beschreibt die »Innensicht« von Mitgefühl aus seiner subjektiven Perspektive im äußerst lesenswerten Buch *Allumfassende Nächstenliebe*.[5]

Schritt 2: Konkretisiere, wann du diese Micro-Practice einsetzt

Warte- und Reisezeiten nutzen

Wann immer du in einer Warteschlange stehst, im Stau festsitzt, bei langsamer Internet-Verbindung, am Telefon oder in einer Warteschleife hängst: Statt dich zu ärgern, mach deine Micro-Practice. Auch Zeiten in der Bahn oder im Flugzeug eignen sich hervorragend.

Innehalten vor wiederkehrenden Ereignissen

Wähle ein Ereignis aus, das du in Zukunft nutzt, um einen Augenblick innezuhalten und deine Micro-Practice zu machen, zum Beispiel

- vor jedem Anruf,
- die ersten zwei Minuten einer Mahlzeit,
- auf dem Weg zum Kaffeeautomaten,
- am Beginn jeder Pause,
- auf der Toilette,
- vor/bei der Begegnung mit XY …

Feste Zeiten im Tagesablauf

Plane dir im Kalender konkrete Zeiten für das Innehalten ein, zum Beispiel jeden Tag um 10.00 und 17.00 Uhr. Dein Handytimer oder entsprechende Erinnerungs-Apps unterstützen dich dabei, an den Kurztermin mit dir selbst zu denken.

Apps wie »Randomly Remind Me« erinnern dich, sooft du willst, zufällig im Lauf des Tages an deine Micro-Practice.

Vielleicht hast du es ohnehin schon getan. Wenn nicht, dann nimm jetzt dein Mindfulness Canvas zur Hand. Geh die Micro-Practices noch einmal durch. Markiere alle, die dir sympathisch sind und die du zumindest einmal ausprobieren willst. Wähle eine Mikro-Übung aus, mit der du starten willst. Schreib dir das Datum daneben, bis wann du sie machst. (Wir empfehlen 2 Wochen.) Trag dir das Datum für eine kurze Review in deinen Kalender ein. Schreib dir dazu, bei welchen Gelegenheiten du sie machst.

Review: Nimm dir am Datum, das du dir gesetzt hast, einen Moment, um deine Erfahrungen mit der Übung zu reflektieren. Mach sie noch einmal bis zu einem gewissen Datum, oder geh weiter zu einer nächsten.

Leben

Training braucht ein dazu passendes Drumrum

Du hast dich bis jetzt mit den zwei folgenden wichtigen Fragen auseinandergesetzt:

- Wie sieht dein tägliches, aktives Achtsamkeitstraining aus?
- Wie kannst du mit kleinen Übungen zwischendurch immer wieder Brücken zwischen deiner formalen Praxis und deinem Alltag schlagen?

Jetzt geht es im dritten großen Schritt darum, wie du die Rahmenbedingungen für deine Praxis gestaltest. Es ist wieder einmal ähnlich wie im Sport: Wenn wir uns auf eine Wettkampfsituation vorbereiten und täglich zwei, drei Stunden trainieren ... Was würde es mit unseren Erfolgsaussichten machen, falls wir nach absolviertem Training den restlichen Tag auf der Couch mit einer Fress-und-sauf-Orgie verbrächten?

So viel sportwissenschaftliche Basics haben wir wohl alle im Gepäck, dass uns klar ist: Das war gerade eine rein rhetorische Frage.

Und doch ist das ein Riesenproblem im Breitensport und für unseren allgemeinen Gesundheitszustand: Wir sporteln und schwitzen brav, machen Brigitte-Diäten und, schlag mich tot, was alles und schwupp – im nächsten Moment schlagen wir wieder über die Stränge oder verbringen pausenlos Wochen in gekrümmter Haltung vor dem Computer, dass alles für den Hugo war.

Vor dem Hintergrund schiene es uns komplett fahrlässig, hätten wir dich bisher zum täglichen Üben und alledem genötigt und würden das Wichtigste weglassen: den Bezug zu deinem wirklichen Leben. Denn dem soll die ganze Übung ja letztendlich dienen, oder?

Es gibt kein richtiges Leben im falschen.
Theodor W. Adorno

Was Neuroplastizität ist, haben wir in diesem Buch schon einmal kurz besprochen: die Fähigkeit unseres Gehirns, sich flexibel die Nutzungsgewohnheiten seines Besitzers anzupassen. Wenn wir zum Beispiel viel am Computer spielen, dann bekommen wir im Lauf der Zeit ein Gehirn, in dem die dafür zuständigen Regionen besser trainiert sind als andere und größer sind als bei Menschen, die das nicht tun.

Wir haben uns auch schon darüber unterhalten, dass das in beide Richtungen geht: Hirnregionen, die wir regelmäßig und sinnvoll stimulieren, werden größer und vernetzter. Hirnregionen, die wir vernachlässigen, atrophieren und werden mickrig.

Wie du schon ahnen wirst, können wir durch Achtsamkeit einiges dazu beitragen, dass unser Gehirn ein Leben lang formbar, geschmeidig und lernfähig bleibt: Wissenschaftler der UCLA[6] fanden heraus, dass die Gehirne von Langzeit-Meditierenden mit Mitte fünfzig etwa siebeneinhalb Jahre jünger sind als die von Nichtmeditierenden. Aber: Achtsamkeit allein hilft gar nichts.

Wenn wir uns selbst weiterhin behandeln wie einen Hund, minderwertiges Essen in uns reinstopfen, unsinnig (und unproduktiv!) lange arbeiten, uns keine Chance auf vernünftigen Schlaf geben und die wesentlichen Beziehungen unseres Lesens vernachlässigen, dann ist die ganze Achtsamkeit kompletter Quatsch.

Damit unser Gehirn ein Leben lang formbar, geschmeidig und lernbereit bleibt, müssen wir uns wach und wohlwollend um uns selbst kümmern. Das geht, wenn wir folgende acht Faktoren im Blick behalten:

Nicht verzweifeln: Auch hier darf sich alles schrittweise entwickeln und wir sind alle unterwegs. Es geht im Leben nie um Perfektion. Vielleicht aber um die gelegentliche Frage, ob die grobe Richtung passt. In diesem Sinn laden wir dich ein zu einem kurzen Streifzug …

Don't ask what the world needs. Ask what makes
you come alive, and go do it. Because what
the world needs is people who have come alive.
Howard Thurman

Fokus

Wir haben es in diesem Buch schon zweimal geschrieben. Einmal geht noch:

> Fokus ist nicht alles, aber ohne Fokus ist alles nichts.
> In unserer Zeit der permanenten Aufmerksamkeitsunterbrechung hilft es nicht, wenn wir nur Achtsamkeitsübungen machen, um unsere Aufmerksamkeit zu trainieren. Wir müssen uns gleichzeitig aktiv ein Umfeld schaffen, in dem wir weniger Ablenkungen ausgesetzt sind.

Deiner Fähigkeit zu fokussieren kannst – und solltest – du auf vielfältige Art und Weise Gutes tun:

- tägliches aktives Training deiner Aufmerksamkeit und deiner Aufmerksamkeitsspanne durch deine formale Praxis,
- Monotasking und Stärkung deiner Willenskraft durch entsprechende Übungen im Alltag,
- Reduzieren von Ablenkungstriggern, insbesondere am Smartphone und am Rechner, und
- Vermeiden von ohnehin unproduktiven überlangen Arbeitszeiten.

Zu den ersten beiden Themen hast du schon früher in diesem Buch Anregungen bekommen. Jetzt folgen die beiden noch fehlenden Puzzlesteine.

Ablenkungstrigger reduzieren

Schaff dir auf dem Weg zur »Unablenkbarkeit« im Sinne von Nir Eyal[7] einen digitalen Raum ohne Trigger, in dem dich nichts mehr von dem ablenkt, was du eigentlich tun willst. In Kombination mit deiner regelmäßigen Achtsamkeitspraxis wirst du schnell merken, wie du den Fokus immer besser halten kannst.

3 Tipps fürs Smartphone, die du sofort umsetzen kannst

So mächtig die Tricks der App-Entwickler sind, so ohnmächtig sind sie doch gegen die folgenden einfachen Schritte. Indem du dir nur einen winzigen Teil der Zeit nimmst, den du sonst mit Ablenkungen verschwenden würdest, kannst du die externen Trigger zähmen oder sogar loswerden:

- Entfernen: Deinstalliere Apps, die du nicht mehr brauchst.
- Ersetzen: Nutze ablenkende Apps wie Social Media und YouTube lieber auf dem Computer als auf dem Smartphone.
- Zurückeroberung: Passe die Benachrichtigungseinstellungen für deine Apps an. Sei besonders wählerisch, welche App was darf, vor allem bezüglich auditiver und visueller Benachrichtigungen.

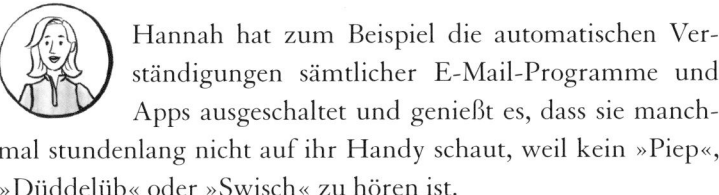 Hannah hat zum Beispiel die automatischen Verständigungen sämtlicher E-Mail-Programme und Apps ausgeschaltet und genießt es, dass sie manchmal stundenlang nicht auf ihr Handy schaut, weil kein »Piep«, »Düddelüb« oder »Swisch« zu hören ist.

Lass dich von den folgenden Anregungen gern inspirieren zu vielen weiteren dieser Art …:

- Pop-up aus: Stell dein Mailprogramm so ein, dass du nicht jedes Mal von einer Pop-up-Info abgelenkt wirst, wenn eine neue E-Mail hereinkommt.
- Von Push auf Pull: Stell es am besten so ein, dass E-Mails nicht mehr automatisch hereinkommen, sondern du sie aktiv abrufen musst.
- Der Tabula-rasa-Desktop: Ein unaufgeräumter Desktop fordert in Bezug auf deine Aufmerksamkeit einen hohen Tribut. Du kannst zum Beispiel einen einzigen Ordner auf deinem Desktop anlegen, der »Alles« heißt. Über die Suchfunktion findest du auch so alle notwendigen Dokumente und Dateien.

Ohnehin unproduktive überlange Arbeitszeiten vermeiden

Wenn du das Gefühl hast, deine To-do-Liste dehnt sich schneller aus als das Universum, dann stehen die Chancen gut, dass du gleich in zwei Lieblingsfallen tappen wirst. Beiden gemeinsam ist, dass unser Gehirn nicht gut damit umgehen kann und sie belohnt, obwohl sie mittel- und langfristig völlig kontraproduktiv sind.

- Die eine Falle ist Multitasking. Darüber hast du schon im Kapitel »Übung im Alltag« gelesen.
- Die zweite Falle ist die Verlängerung der Arbeitszeiten.

Chris Bailey[8] machte dazu ein beeindruckendes Experiment: Er arbeitete einmal über einen Zeitraum von sechs Wochen neunzig Stunden und ein andermal zwanzig Stunden pro Woche. Ergebnis:

- Wie eine genaue Dokumentation seiner Arbeitsergebnisse zeigte, leistete er auf dem Papier in der Neunzig-Stunden-Woche ungefähr das Gleiche wie in der Zwanzig-Stunden-Woche.
- Allerdings *fühlte* er sich bei längeren Arbeitszeiten doppelt so produktiv.

Diese bemerkenswerte Illusion verdanken wir dem Hormoncocktail in uns, der uns signalisiert: Du bist im Stress, also bist du produktiv.

Zeit, Energie, Aufmerksamkeit

Chris Bailey leitet daraus eine wichtige Kernaussage ab:

> In einer Wissensgesellschaft managen die produktivsten Menschen nicht nur ihre Zeit gut, sondern auch ihre Energie und Aufmerksamkeit.

Wie gelingt das? Indem du die Zeit für jede wichtige Aufgabe begrenzt. Dabei passiert Folgendes:

- Du setzt eine künstliche Deadline, die dich dazu motiviert, mehr Energie und Fokussierung über einen kürzeren Zeitraum aufzuwenden.
- Du schaffst eine Dringlichkeit, weil du nur eine begrenzte Zeit hast, eine Aufgabe zu erledigen.
- Du eliminierst einige der Auslöser für Aufschieberitis, weil die begrenzte Zeit die Aufgabe strukturiert und weniger langweilig, frustrierend und schwierig macht.

Damit wir uns nicht falsch verstehen: Natürlich kann man kurzfristig durch Überstunden enorme Produktivitätsgewinne erzielen, vor allem, wenn Abgabetermine näher rücken. Manchmal gibt es einfach eine Menge Arbeit zu erledigen, und du musst mehr Zeit für diese Arbeit aufwenden. Aber auf lange Sicht sind längere Arbeitszeiten ein Rezept für Stress, Unzufriedenheit und sogar Burn-out. Besonders wenn sie dazu führen, dass du weniger Zeit hast, deine Aufmerksamkeit und Energie zu kultivieren.

Marie weiß mehr ...

... wie wir unsere Willenskraft stärken können

Dennis Nehrenheim[9] hat ein Modell zur Verbildlichung von Charakterstärke und Willenskraft entwickelt. Die Charakterstärke ähnelt darin einer aufladbaren Batterie, während die Willenskraft ihr Akkustand ist. In diesem Bild besteht die Willenskraft aus vielen kleinen Kügelchen, den Willenskraft-Kügelchen. Diese werden über den Tagesverlauf hinweg durch Anstrengungen aufgebraucht.

Die Willenskraft ist ein begrenztes Gut, wie man an den Willenskraft-Kügelchen sehen kann. Daher ist es sinnvoll, die Willenskraft-Fresser zu vermeiden und energiesparender mit seiner Willenskraft umzugehen. Dies kann zum Beispiel durch Priorisierung erreicht werden. Außerdem kann man die Leistungsfähigkeit der Willenskraft durch Sport und Entspannung steigern. Je mehr

Willenskraft jemand hat, desto stabiler ist auch die Charakterstärke, welche für den Erfolg im Arbeitsleben eine wichtige Rolle spielt.

Auch unsere Freundin Dr. Britta Hölzel[10] fand heraus, dass Willenskraft mit beruflichem Erfolg, verbesserten sozialen Beziehungen und einem gesundheitsfördernden Verhalten zusammenhängt. Gut aufgefüllte Willenskraft-Speicher befördern gute Laune, die Offenheit für andere Blickwinkel und wirken sich auf die Motivation nachhaltig aus. Die Willenskraft ist dabei wie ein Muskel, den man stärken und trainieren kann.

Finde deine »biologische Primetime«

Man könnte – so Bailey – Energie als Kraftstoff sehen, den du im Laufe des Tages verbrennst, um produktiv zu werden. Insofern ist es von entscheidender Bedeutung, dass du deine Energie gut einteilst. Wenn du deinen Tank auffüllen musst, um gute Arbeit zu leisten, oder wenn du ausgebrannt bist, weil du dein Energieniveau nicht durch gutes Essen und ausreichend Schlaf über den Tag hinweg kultivierst, wird deine Produktivität sinken, unabhängig davon, wie gut du deine Zeit und Aufmerksamkeit steuerst.

Deshalb schlägt er vor, dass wir unsere »biologische Primetime (BPT)« bestimmen. Sein Beispiel dazu: Jeden Tag zwischen 10.00 und 12.00 Uhr sowie zwischen 17.00 und 20.00 Uhr arbeitet er an den Aufgaben, die am meisten Energie verbrauchen und am wichtigsten sind. Umgekehrt arbeitet er, wenn seine Energie im Laufe des Tages nachlässt, an den unwichtigeren Aufgaben. Und die wichtigen Aufgaben sind meistens nicht die, die wir in unseren E-Mails finden.

Vielleicht gehörst du auch zu den Menschen, die gleich zu Beginn am Morgen ihre Mails checken und versuchen, diese abzuarbeiten. Ehe man sich's versieht, ist die wirklich produktive Zeit, in der das Gehirn frisch und kreativ ist, verbraucht. Und dabei bist du erst bei Mail 12 von 37. Frag dich bewusst, ob du deinen Tag und deine kreative Produktivzeit mit *deinen eigenen* Prioritäten oder denen *anderer* beginnen willst.

Das gilt auch für eingehende Mails während des Tages. Wenn du auf jede E-Mail innerhalb weniger Minuten antwortest, nutzt du deine Aufmerksamkeit wahrscheinlich nicht sinnvoll.

3 konkrete Anregungen zur Erhöhung deiner Produktivität
- Entwickle ein klares Bild von deiner BPT.
- Setz dir eine straffe künstliche Deadline für jede wichtige Aufgabe, und mach sie in deiner BPT.

- Vergeude nicht länger deine produktivsten Zeiten mit dem Abarbeiten von E-Mails. Leg die Zeiträume fest, an denen du Mails bearbeitest, und halt dich daran.

Spiel und Humor

Egal was passiert, irgendwer wird immer einen Weg finden, es zu ernst zu nehmen.
Dave Barry

Wenn wir Kinder beobachten, sehen wir: Sie sind wahre Meister des freien Spiels. Und das ist ein zentrales Element in ihrer Gehirnentwicklung. Bei kaum einer Tätigkeit vernetzen sich so viele Gehirnzellen und -regionen neu oder richtig intensiv.

Dann beginnt, wie es so schön heißt, der Ernst des Lebens. Zwischen dem Funktionierenmüssen und dem aufreibenden Alltag fehlt vielen von uns auch schlicht die Zeit. Dabei läuft auch unser erwachsenes Gehirn zur Höchstform auf, wenn wir in angstfreien Settings etwas lustvoll mitgestalten können, dessen Ergebnis keiner genau vorhersehen und bestimmen kann, weil es im gemeinsamen co-kreativen Prozess entsteht. Das trifft für Gesellschaftsspiele genauso zu wie für Mannschaftssportarten, Tanzen oder Legospielen.

Einige wenige Privilegierte würden wahrscheinlich mit genau diesen Worten auch ihre Arbeit beschreiben. Für die meisten von uns trifft es leider noch nicht zu. Zum Nachteil ihrer eigenen Lebensqualität ebenso wie zum Nachteil ihrer Motivation und

Produktivität. Nicht umsonst ist Gamification ein wichtiger Trend. Also die Frage, wie wir auch »ernsthafte« Arbeitsaufgaben, bei denen es »wirklich um etwas geht«, so gestalten können, dass sie eben lustvoll, angstfrei, aufregend und kreativ daherkommen. Spielen führt dazu, dass wir aus einem rein kognitiven Verarbeitungsmodus aussteigen und wieder stärker mit unseren kindlichen Anteilen und Gefühlen in Kontakt kommen. Das führt zu mehr Spaß und Lebendigkeit, Fantasie und Kreativität. Auch bei Erwachsenen.

> Der Mensch ist nur da ganz Mensch, wo er spielt.
> Friedrich Schiller

Spielen und Lachen fördern also gesundes Gehirnwachstum und helfen uns, in einer konkreten Situation unser volles Potenzial zu aktivieren. Dies wirkt außerdem auch stressmindernd. Das belegt zum Beispiel eine Pilotstudie mit Herzpatienten am Robert-Bosch-Krankenhaus in Stuttgart. Die Neurologin Prof. Barbara Wild zeigte zusammen mit Dr. Eckart von Hirschhausen: Stress, den die Testpersonen in bestimmten Alltagssituationen erleben, kann durch Humor deutlich sinken. »Es war faszinierend zu beobachten, wie sich die Menschen im Laufe der Sitzungen weiterentwickelten«, meint sie. Die Probanden sind danach weniger depressiv und haben bessere kardiologische Messwerte.[11]

Heiterkeit ist weder Tändelei noch Selbstgefälligkeit,
sie ist höchste Erkenntnis und Liebe, ist Bejahen
aller Wirklichkeit, Wachsein am Rand aller Tiefen
und Abgründe. Sie ist das Geheimnis des Schönen und
die eigentliche Substanz jeder Kunst.
Hermann Hesse

Organisationen wie CliniClowns oder Rote Nasen bringen Humor in Krankenhäuser und damit Erleichterung, Lebensfreude und Entspannung in schwierigen, oft aussichtslosen Situationen. Es gibt sogar einen besonderen Bezug zwischen Clownerie und Achtsamkeit. Richtig gute Clowns haben ein besonderes Geschick zur Improvisation im gegenwärtigen Moment, einen Zugang zum freien, spontanen und spielerischen Teil in uns, der den Kontrollzwang loslässt und keiner bestimmten Erwartung oder Norm zu entsprechen braucht. Wohlwollende, fröhliche Lebendigkeit – davon hatten wir es ja schon öfter mal in diesem Buch …

3 konkrete Anregungen für mehr Spiel und Spaß

- Wenn du früher gern gespielt und dir schon lange keine Zeit mehr genommen hast: Ermögliche es dir wieder ab und zu.
- Überleg dir, wann du zum letzten Mal so richtig aus vollem Hals gelacht hast. Wenn es sich lange her anfühlt: Was hat dich früher einmal besonders erheitert? Wie kannst du dir das oder etwas Ähnliches wieder gönnen? Oder wie wär's mit einem Lachyoga-Workshop? Das gibt es tatsächlich. Eine herrliche Erfahrung!
- Zu Clownerie und Achtsamkeit gibt es wunderbare Seminare, unter anderem von Moshe Cohen, von Catherine Bryden und Teri West oder von Klaus Werner Lobo.

Neues

In der Wissensgesellschaft sind besondere Fähigkeiten gefragt. Gebraucht werden jetzt Menschen, die die richtigen Fragen stellen. Ein »Universalgelehrter« ist heute also nicht mehr jemand, der alles weiß, sondern jemand, der mit Wissen und Nichtwissen souverän umgehen kann.

Zwei Skills sind dafür elementar wichtig: Kreativität und die Fähigkeit, Kontexte herzustellen. Wenn wir das Gehirn immer wieder einmal spielerisch und spontan für neue Stimuli öffnen, bleibt es jung und flexibel. Der aktuelle Stand unseres Gehirns lässt sich dabei nicht nur erhalten, sondern sogar im hohen Alter deutlich verbessern. Das haben Wissenschaftler in einer aktuellen Studie in den *Journals of Gerontology* herausgefunden.[12] Teilnehmer zwischen sechzig und siebzig Jahren verbrachten sechs Wochen lang mehrere Tage in einem universitären Setting und nahmen dort an Sprachkursen teil, malten und zeichneten und lernten mit moderner Technik, etwa einem iPad, umzugehen. Danach zeigten die Probanden deutliche Verbesserungen in standardisierten Tests. Die Merkfähigkeiten und Schnelligkeit im Denken hatten sich in allen Altersklassen deutlich erhöht – und lagen auf dem gleichen Niveau wie die Ergebnisse von Menschen in ihren Vierzigern.

Das Verlassen unserer Komfortzone ist auch ein zentrales Element in allen Seminaren, die uns ein tieferes Verständnis unserer eigenen Persönlichkeitsmuster ermöglichen sollen. Manche gehen dazu in die Einsamkeit der Natur, andere in herausfordernde gruppendynamische Settings. Für besonders radikale und wachrüttelnde Formate war der Zen-Meister Bernie Glassman bekannt. In seinen Straßen-Retreats ging er mit den Teilnehmern für eine Woche auf die Straßen von New York, um das Schicksal der Obdachlosen zu teilen. Mitten im Winter, ohne Geld, nur mit dem, was sie am Leibe trugen. Dieses Erlebnis beschrieben die meisten Teilnehmer als lebensverändernd. Für ihre eigene Selbstkenntnis und den Mut, sich immer wieder auf neue, unbekannte Situationen einzulassen, ebenso wie für ihre Fähigkeit, sich in das Leid anderer Menschen einzufühlen.

Man könnte annehmen, dass es im digitalen Raum mit all seinen Angeboten leichter wird, Neues zu lernen und unseren Horizont zu erweitern. Tatsächlich ist in vieler Hinsicht das Gegenteil der Fall. Informationen bei Suchmaschinen oder Feeds der sozialen Netzwerke werden speziell für uns gefiltert. Durch diese Filter-Algorithmen entsteht die sogenannte Filterblase. Der Politaktivist Eli Pariser beschreibt in seinem Buch *Filter Bubble. Wie wir im Internet entmündigt werden*,[13] dass er auf Facebook immer wieder die Posts angezeigt bekam, die seine eigene Meinung spiegelte, und immer weniger Posts von seinen Kontakten las, die konservativer orientiert waren. Dieser einseitige Newsfeed verzerrt natürlich unsere Wahrnehmung darüber, welche Meinungen andere Menschen haben. Er verzerrt auf diesem Weg aber auch, welche Meinung wir selbst haben, und wir werden immer radikaler. Durch die einseitige Berichterstattung wird unsere eigene Weltansicht verstärkt, andere Perspektiven werden ausgeblendet. Das führt dazu, dass unser Hirn sich immer weniger mit anderen Denkweisen auseinandersetzen muss und hier nichts Neues lernt.

Wenn wir immer wieder einmal neue Menschen, Themen und Perspektiven achtsam und wertschätzend in unser Leben lassen, kommen wir aus unserem Komfortbereich in die produktive Lernzone. Nur müssen wir zunehmend aktiv dafür sorgen.

3 Ideen, um auf der Suche nach neuen Erfahrungen deine Komfortzone zu verlassen

- Mach eine Woche lang an jedem Tag etwas anders, als du es üblicherweise tun würdest. Misch dabei gern kleine und größere Veränderungen: Nimm beispielsweise an einem Tag das Fahrrad statt dem Auto. Verwende am nächsten so viel wie möglich die andere Hand als die, die du normalerweise gebrauchst, zieh an einem Tag Kleidungsstücke an, die du noch nie miteinander kombiniert hast …

- Komm mit einem fremden Menschen ins Gespräch, und interessier dich eine halbe Stunde lang für seine Perspektive zu einem Thema, das du ganz anders siehst, und dafür, wie er zu dieser Perspektive kommt. Achte dabei darauf, wie es dir gelingt, dabei wach und neugierig zu bleiben, statt innerlich abzuschalten, und wohlwollend und unvoreingenommen zu bleiben, statt innerlich die Augen zu verdrehen oder in eine Diskussion zu gehen, wer von euch beiden recht hat.

- Überleg dir drei Sachen, die du schon lange mal lernen wolltest. Wähle die attraktivste inklusive des Zeitpunkts, wann du damit startest.

Einkehrzeit

Statt zu sagen: Sitz nicht einfach nur da – tu irgendetwas, sollten wir genau das Gegenteil fordern: Tu nicht einfach irgendetwas – sitz nur da.
Thich Nhat Hanh

Unser Gehirn benötigt immer wieder Aus- beziehungsweise Mußezeiten sowie Single-Tasking, um die Fähigkeit zum Fokussieren nicht zu verlieren. Diese Phasen des Nichtstuns (ohne zu meditieren) oder der Kontemplation sowie regelmäßige »Check-ins« bei uns selbst unterstützen unser Gehirn dabei, aus Erfahrungen zu lernen und sich immer weiterzuentwickeln. »Wir sollten Arbeit und Ruhepausen als gleichrangig betrachten«, sagt auch der Autor Alex Soojung-Kim Pang. In seinem Buch *Pause* plädiert der Gastwissenschaftler der Stanford-Universität dafür, Ruhezeiten als notwendig für das Gehirn zu erachten, um Informationen zu verarbeiten, einzuordnen und neue Zusammenhänge herzustellen: »Eine richtig gestaltete Pause macht uns kreativer und produktiver – ganz ohne das Gruselkabinett des endlosen Rackerns bei stetig steigenden Erwartungen.«[14]

Aber gerade weil wir Phasen des Nichtstuns immer weniger im Alltag erleben, wird es zunehmend schwieriger, sie uns überhaupt innerlich zu »erlauben«, geschweige denn, sie bewusst für uns zu kultivieren. Wie stark diese Erfahrung auf uns und unser Gehirn wirken kann, konnte Esther vor einigen Jahren erleben, als sie zu einem Muße-Retreat von Nicole Stern ging. Zunächst war sie enttäuscht, als sie die Agenda sah: Mehr als die Hälfte des Tagesablaufs war mit dem Wort »Muße-Zeit« gekennzeichnet. Und für dieses »Nichtstun« hatte sie sich mühsam eine Woche frei geschaufelt? Etwas widerwillig hörte sie dann noch die Instruktionen: Während der Muße-Zeit sollte nicht gelesen werden, nicht geredet, ja sogar nicht mal meditiert werden. Schlafen, ruhen in der Natur, sanftes Spazieren … viel mehr war nicht erlaubt.

Der erste Tag fiel ihr unglaublich schwer. Dann wurde es leichter. Und sie fing an, diese Stopptaste im Gehirn immer mehr zu genießen. Als sie nach einer Woche wieder im Büro war, hatte sie eine regelrechte Kreativitätsexplosion und erledigte mit unglaublicher Leichtigkeit viele liegen gebliebene Dinge der letzten Jahre. Da die digitalen Entwicklungen derartige Zeiten geradezu verhindern, wird es immer wichtiger, dass wir uns selbst aktiv Muße-Inseln ohne Erreichbarkeit, ohne Handy und Laptop schaffen.

3 konkrete Anregungen für mehr Muße in deinem Leben

- Sitze mit einer Tasse Tee oder Kaffee da, und schau mindestens fünfzehn Minuten einfach in die Luft.
- Nimm dir einen ganzen Tag lang bewusst nichts vor, und vermeide Beschäftigungen, denen du sonst automatisiert nachgehst (lesen, fernsehen und so weiter).
- Mach dir eine Liste von Dingen, auf die du Lust hast, die aber keinen »Zweck« verfolgen und/oder scheinbar sinnlos sind, und setz eines davon um. Ein paar Anregungen gefällig? Ein Schaumbad am helllichten Tag, ausgiebig Schaukeln, mit den Legosteinen deiner Kinder spielen, einen Vormittag faul im Bett verbringen (ohne Lesen, Handy oder Fernseher), einen Drachen steigen lassen, einen Schneemann bauen, Insekten beobachten …

Geben und Nehmen, Spiel und Arbeit, Schau und Tat halten sich in der Muße tänzerisch die Waage. In dem Maß, in dem wir in unserem Leben Muße verwirklichen, schöpfen wir aus der Fülle des Lebens.
David Steindl-Rast

 Martin etabliert regelmäßige Muße-Zeiten, ohne erreichbar zu sein, indem er eine Stunde im Wald herumstreift, sein Handy ausschaltet und sich einfach nur auf die Natur einlässt.

Bewegung

Bewegung ist gesund, auch für unsere Psyche. Bereits seit den Achtzigerjahren wissen wir, dass Bewegung bei der Behandlung von Depressionen hilft. Die berühmte Blumenthal-Studie[15] ging sogar einen wesentlichen Schritt weiter: Sport kann die Wirkung von Antidepressiva ersetzen. Mehr noch: Testpersonen, die ihre Depression oder ihr Burn-out durch Sport überwanden, wiesen eine geringere Rückfallquote auf als solche, die mit Tabletten behandelt wurden. Sport erhöht die Produktion von Neurotransmittern wie Serotonin und Dopamin. Die wirken stimmungsaufhellend und ermüdungshemmend und damit positiv auf unsere Psyche. Zugleich werden Stresshormone wie Adrenalin und Cortisol abgebaut und dadurch unschädlich gemacht.

Bei Burn-out-Patienten wurden bereits nach zehn Trainingstagen psychische Verbesserungen festgestellt. Und je langfristiger trainiert wurde, desto nachhaltiger waren die Ergebnisse.

Im Sinne von Richie Davidson sind wir natürlich immer der Frage auf der Spur, wie wenig wir machen müssen, um schon einen nennenswerten Effekt zu erzielen: Die neue Studie der Uni Texas in Austin[16] macht zwar keine Aussagen zu den psychischen Auswirkungen, kann sich aber trotzdem sehen lassen: Du gibst vier Sekunden lang volle Power – durch schnelles Sprinten oder Hampelmänner. Dann pausierst du 45 Sekunden. Das Ganze machst du fünfmal hintereinander – und zwar einmal die Stunde, achtmal am Tag. Insgesamt trainierst du so täglich 160 Sekunden – also nicht einmal drei Minuten. Und funktioniert's? Das Training, so die Forscher, regt die Fettverbrennung an, senkt den Cholesterinspiegel und bringt den Kreislauf auf

Touren. Es gibt sogar Hinweise darauf, dass dieses Mini-Workout die Belastungen durch langes Sitzen fast vollständig kompensiert.

Wir sind außerdem große Fans des Sieben-Minuten-Workouts. Kurz und intensiv. Zwischendurch wirkt es im Lauf eines Bildschirmarbeitstags genauso Wunder wie im Achtsamkeitstraining.

Falls du auf der Suche nach etwas Handlichem bist, das einen großen Unterschied macht, hier unsere Tipps:

3 praktische Tipps

- Mach so viele Telefonate und Videocalls wie möglich im Stehen oder noch besser im Gehen.
- Jede Stunde eine kurze Pause mit Vier-Sekunden-Workout (siehe oben).
- Sieben-Minuten-Workout. Das gibt es auf verschiedenen Apps und auf YouTube.

Schlaf

Ausreichender Schlaf liefert auf physiologischer Ebene ideale Voraussetzungen für Neuroplastizität. So zeigt die neueste Schlafforschung, dass das Gehirn in der Kleinkindphase vor allem im Schlaf wächst. Danach verändert sich der Hauptzweck des Schlafes: Statt um den Aufbau geht es das weitere Leben dann hauptsächlich darum, das Gehirn zu warten und zu reparieren. Wie bei U-Bahnen, die nachts gewartet würden, um den Verkehr tagsüber nicht zu behindern, erklärt der theoretische Physiker und Schlafforscher Geoffrey West.[17] Dabei ist die »richtige« Schlafdauer umstritten. Eine große Überblicksstudie[18] zeigte, dass eine empfohlenen Schlafdauer von fünf bis acht Stunden für viele Menschen, zum Beispiel auch in Hinblick auf das Risiko eines Schlaganfalls, ideal ist. Doch wer eigentlich acht Stunden Schlaf bräuchte, aber tatsächlich nur auf fünf Stunden kommt, stellt hoffentlich fest, dass dies zu wenig ist. Somit ist dieser Wert doch recht ungenau. Solange die Forschung kein Universalrezept für die perfekte Schlafdauer hat, sollten wir auf das achten, worüber jeder von uns verfügt: die eigene innere Uhr. Denn die ist exakt auf uns abgestimmt. Achtsamkeit hilft uns, die Selbstwahrnehmung dafür zu schulen.

Johannes' ehemalige Studienkollegen Prof. Manuel Schabus und Dr. Thomas Winkler haben sich mit ihrem Forschungsteam an der Uni Salzburg ganz dem Thema »Schlaf« verschrieben. Mehr zu den praktischen Ergebnissen aus dem Labor für Schlaf und Bewusstseinsforschung findest du unter https://gesunderschlaf.coach. Ein Ergebnis, das Johannes als begeistertem Powernapper besonders gut gefällt: Die positiven Effekte von Schlaf auf das Gedächtnis sind in abgeschwächter Form sogar bereits bei einem kurzen Mittagsschlaf nachweisbar, sogar bei Powernaps von wenigen Minuten.[19]

3 praktische Tipps zum Thema »Schlaf«

- Achte immer bewusster auf deine innere Uhr, und nimm sie ernst. Leite daraus feste Schlafzeiten ab, an die du dich zunehmend konsequenter hältst, auch wenn deine Tagesverfassung es heute zulassen würde, über die Stränge zu schlagen, oder du dir wieder einmal einbildest, dass es dein Workload nicht erlaubt, dir den Schlaf zu gönnen, den du benötigst.
- Um deine innere Uhr nicht zu verwirren, erspar ihr Bildschirmzeit nach 21.00 Uhr. Das blaue Licht der Bildschirme von Laptop, Smartphone und Fernseher gaukelt deinem Gehirn vor, dass es auch spätabends noch helllichter Tag ist. Dadurch sinkt deine Schlafqualität. Übrigens auch dann noch, wenn du einen Filter gegen blaues Licht hast.

- Falls du zu denen gehörst, die beim besten Willen nicht auf acht Stunden Nachtschlaf kommen, probier für eine Weile einen zehnminütigen Powernap in der Mittagszeit.

 Martin hat sich vorgenommen, mehr zu schlafen. Und dafür geht er nun früher ins Bett. Er macht eine Stunde vorher Handy und Fernsehen aus und liest noch etwas, um »runterzukommen«.

Ernährung

Es ist ähnlich wie beim Sport: Dass eine ausgewogene, überwiegend pflanzenbasierte Ernährung gut für unseren Körper ist, wurde mittlerweile eindeutig belegt und gehört zum Allgemeinwissen. 2019 fanden Forscher in einer Studie mit dem erfrischenden Titel »Lettuce be happy«[20] aber auch eine erstaunlich enge Beziehung zwischen Obst- und Gemüsekonsum und der psychischen Verfassung.

Der Bezug zu unserem »Darmhirn« liegt nahe, das ja der evolutionär betrachtet älteste und in vieler Hinsicht zugleich wirkmächtigste Teil unseres Nervensystems ist: Ein gesunder Darm macht glücklich. Das Glückshormon Serotonin wird von der Darmschleimhaut produziert und kommt zu fast 95 Prozent im Magen-Darm-Trakt vor. Wir erinnern uns: Seine Bildung wird vom Neuroplastizitätstreiber Sport angeregt, und wir brauchen es unter anderem für den Neuroplastizitätstreiber Schlaf … Es sorgt für gute Gefühle wie Gelassenheit, innere Ruhe und Zufriedenheit und reguliert Angstgefühle, Aggressivität, Kummer und sogar das Hungergefühl. Die Forschung zeigt, dass depressive Verstimmungen häufig mit einem Mangel an Serotonin oder seiner Vorstufe, der Aminosäure Tryptophan, in Zusammenhang stehen.

Der Darm ist das wichtigste Organ für unser Immunsystem, rund 80 Prozent der Immunzellen sind hier angesiedelt. Und wie du vielleicht aus *Mindful Leader* noch weißt, verfügt unser Darmhirn über starke Nervenverbindungen zum Neocortex und zum limbischen System, der emotionalen Schaltstelle in unserem Gehirn. Damit steuert unser Darm (oder »Bauchgefühl«) unsere Entscheidungen maßgeblich mit.

3 Ernährungstipps für ein gesundes Darmhirn

- Iss viel Obst und viel Gemüse.
- Platziere präbiotische Lebensmittel wie Leinsamen, Weizenkleie, Flohsamen, Chicorée, Schwarzwurzeln oder Topinambur auf deinem Speisenplan.
- Je nachdem, was dir am schwersten fällt: Reduzier ab heute deinen Fleisch-, Zucker- oder Getreidekonsum um die Hälfte.

Beziehungen

Die »Grant & Glueck Study«[21] startete im Jahr 1938. Rund 700 Männer werden seit damals beobachtet und regelmäßig umfassend zum Thema »Glück« befragt. Einige der Teilnehmer waren und blieben bitterarm, andere waren oder wurden reich und mächtig. Sogar John F. Kennedy zählte dazu. George Vaillant von der Harvard Medical School begann die Studie. Sein Nachfolger Robert Waldinger bindet heute auch die mehr als 2000

Kinder und Enkelkinder der 700 Teilnehmer in die Untersuchungen ein.

Nach beinahe achtzig Jahren der Forschung ist das Ergebnis vielleicht überraschend, aber eindeutig: Das individuell empfundene Lebensglück einer Person hat nicht viel mit Macht, Ruhm oder Geld zu tun. Nicht einmal die Gesundheit spielt eine so wichtige Rolle, wie die meisten Menschen meinen würden. Gesundheit und Glück hängen tatsächlich anders zusammen: Wer gesund ist, ist nicht unbedingt glücklich. Doch wer glücklich ist, bleibt wahrscheinlich gesünder. Aber was macht Menschen glücklich?

Tatsächlich reicht ein Faktor aus, um eine Person glücklich zu machen – oder bei Abwesenheit eben unglücklich: unsere sozialen Beziehungen. Dabei kommt es nicht auf die Quantität, sondern auf die Qualität an. Menschen mit vielen oberflächlichen Bekanntschaften und in einer vordergründig funktionierenden Ehe können sich ebenso einsam fühlen wie ein zurückgezogener Single. Waldingers Fazit:

- Soziale Beziehungen sind gut für jeden Menschen.
- Einsamkeit macht unglücklich und kann tödlich enden.
- Menschen mit guten Beziehungen in der Familie, zu Freunden und anderen Menschen in ihrem Umfeld sind glücklicher, gesünder und leben länger.

3 Anregungen für bessere Beziehungen

Was leiten wir daraus ab? Hier unsere Vorschläge:

- Investiere deinen ganzen Mut in lebendige, authentische Beziehungen, in denen du Wohlwollen geben und bekommen kannst und in denen Klartext gesprochen wird.
- Wenn das in deiner derzeitigen Partnerschaft nicht möglich ist, sucht euch eine gute externe Begleitung, statt einfach zu resignieren oder euch vorschnell aufzugeben.

- Eine befriedigende Partnerschaft und zwei bis drei enge Freundschaften reichen schon. Verabschiede dich aus lauen, toxischen oder permanent konfliktträchtigen Beziehungen.

Die wichtigste Stunde ist immer die Gegenwart,
der bedeutendste Mensch ist immer der,
der dir gerade gegenübersteht,
das notwendigste Werk ist stets die Liebe.
Meister Eckhart

Hannah trifft sich wieder regelmäßig mit ihren zwei besten Freundinnen, die sie in den letzten Jahren zugunsten des Jobs und ihrer vielen Ehrenämter vernachlässigt hat.

Marie weiß mehr ...

... über das hochansteckende Karuna-Virus

Marie war erst skeptisch, »Karuna« – das klingt viel zu sehr nach dem Schreckenswort »Corona«. Dabei verkörpert Karuna genau die Antithese zu diesem Virus, das die Welt so unbarmherzig im Würgegriff hat und bei vielen für Ängste, wirtschaftliche Nöte und Verzweiflung sorgt. »Karuna« kommt aus dem Sanskrit und bedeutet »Mitgefühl«.

Und so hat Nipun Mehta, den du aus dem Buch schon kennst, die Karuna-Virus-Bewegung gegründet und damit weltweit Hunderttausende angesteckt.

Ein Essen, das du im Restaurant schon für den bezahlst, der hinter dir in der Schlange steht, ein handgeschriebener Brief an einen einsamen Menschen oder einfach Hilfe beim Einkauf, wenn jemand schwer tragen muss. Diese Gesten nennt Nipun »acts of courageous kindness«, die das kollektive Mitgefühl und die Hoffnung stärken.

Das Karuna-Movement ist nur eine Idee von Nipun, der die Praktik »Giftivism« (ein Kofferwort aus *gift* und *activism*) begründete, die heute sein Leben und Wirken prägt. »Giftivism«, das sind radikal großzügige Taten – Taten, um die Welt zu verändern. Die Idee dahinter: Jede kleine Geste der Zuwendung und der Menschlichkeit ist ein Akt gelebter Achtsamkeit, der uns hilft, unsere eigene Angst zu überwinden und uns ins Bewusstsein zu rufen, dass wir alle miteinander verbunden sind.

Aber Vorsicht, das Karuna-Virus ist hoch ansteckend. Wenn ich selbst eine solche kleine gute Tat erlebe, entsteht automatisch der Impuls, dieses Gefühl wieder an jemanden weiterzugeben. In diesem Sinne …was ist dein nächster kleiner »act of courageous kindness«?

Arbeitsbeziehungen

Zahlreiche Studien belegen, dass das Homeoffice zwar effektiv ist, aber erhebliche Herausforderungen für die Zusammenarbeit mit sich bringt. Das liegt daran, dass viele Menschen es als primär aufgabenorientiert erleben. Wenn sie zum Beispiel ein Videomeeting haben, führen sie in der Regel keinen Small Talk und achten nicht darauf, wie es ihren Kollegen geht. Weil wir auf Effektivität fokussiert sind, verlieren wir unser Bewusstsein für die größeren Veränderungsmuster, die in unserem Umfeld stattfinden. Das wirkt sich häufig negativ auf die Zusammenarbeit im Team sowie auf die Führungsqualität aus, in der die *interpersonelle Präsenz* eine entscheidende Rolle spielt.

Ein Mensch und kein Objekt

Es war ein schlichter Funktionsbau in der Nähe von München. Und der Ort passt zur unprätentiösen Art des Hirnforschers Gerald Hüther. Wir waren zwanzig Menschen, die das Glück hatten, uns einen Nachmittag mit ihm zum Thema »Führung und Würde« auszutauschen. Es wurde ein sehr bewegender Nachmittag. Manchmal kann es bei Vortragsrednern ja sein, dass die Vorträge klasse sind, aber im direkten Kontakt bleibt dann von der Faszination, die jemand auf der Bühne ausstrahlt, nicht viel übrig. Bei Gerald Hüther war es für uns umgekehrt. Seine Ideen zu Führung, seine brillanten Antworten auf auch alltägliche Führungsfragen, kurz, seine ganze Art war beeindruckend.

Eines seiner Beispiele, an das wir noch nach Jahren denken, lautete so: Vor einigen Jahren wurde Geralds Auto abgeschleppt. Er fuhr mit öffentlichen Verkehrsmitteln sehr weit aus der Stadt raus, um dort sehr schroff und unwirsch behandelt zu werden. Wir alle kennen das. Es kann am Bahnschalter, auf dem Amt oder einfach beim Einkaufen passieren. Behandeln wir selbst andere Menschen auch manchmal so? Ja, viel zu oft. Wenn wir dann aus einer solchen Situation herauskommen, fühlen wir uns klein, schlecht, unbedeutend, regelrecht zu einem Objekt degradiert. Was macht

Gerald Hüther? Er geht einfach nicht. Er bleibt in der Situation und sagt sinngemäß: »Ich bleibe jetzt noch einen Augenblick hier stehen. Inhaltlich habe ich Sie verstanden, aber wie Sie das sagten, das tut mir weh, denn ich bin ein Mensch und kein Objekt.«

Die Kunst ist, dies eher forschend, nicht ärgerlich zu sagen. Wir haben es seither oft probiert. Es wirkt immer. Und es hat den Effekt, dass der andere selbst bemerkt, wie sein Verhalten gerade auf jemanden wirkte, ohne sich dabei angegriffen zu fühlen. Es kann sogar ein »Wake-up-Call« sein, denn vielen ist ihre Wirkung gar nicht bewusst. So ist die Stimmung in einer Take-away-Bar heute so viel freudiger, und uns schallt ein ehrliches »Servus« entgegen, sobald wir durch die Tür kommen. Bis vor einigen Monaten war das noch gründlich anders. Einmal aber fasste Esther sich ein Herz und sagte einfach fröhlich und zugewandt: »Jetzt komme ich so oft, um euer leckeres Essen zu holen, und würde mich echt freuen, wenn jemand freundlich Hallo sagt, wenn ich reinkomme.« Der Mann hinterm Tresen war ganz betroffen, da es ihm überhaupt nicht bewusst war, dass er so mürrisch schaute. Für Esther war es eine Überwindung, aber, wie Gerald Hüther es nennt, ein »Akt der Emanzipation als Subjekt«.

Den Mutigen gehört die Welt.
Sprichwort

3 Anregungen für Achtsamkeit in unseren Arbeitsbeziehungen

- Einmal pro Woche solltest du ein bewusstes Gespräch mit »Lichtschalter an« führen (also dabei präsent im Hier und Jetzt sein).
- Du kannst Meetings mit einem gestalteten Anfang und Ende einführen. Zum Beispiel mit einer Runde »Wie geht es mir

gerade jetzt?« oder »Auf einer Skala von null bis hundert Prozent – wie präsent bin ich gerade da?« ...

- Statt dich wieder über einen ignoranten Kooperationspartner zu ärgern, den Ärger runterzuschlucken oder den anderen anzupflaumen: Probier Gerald Hüthers Idee mit dem »Ich bleibe jetzt noch einen Augenblick hier stehen ...« aus.

> *Leadership ist nicht, Leute dazu zu bringen, Dinge zu tun, die sie nicht wollen, sondern Leute dazu zu befähigen, Dinge zu leisten, von denen sie niemals glaubten, sie erreichen zu können.*
> Peter F. Drucker

Marie weiß mehr ...

... wie Spitzenteams entstehen

Wie schafft man in Teams den Rahmen für Spitzenleistung? Das ist eine Frage, die sicherlich viele Führungskräfte kennen. Marie hat sich bei dieser Frage von Chicago-Bulls-Trainer Phil Jackson inspirieren lassen. Seine Überzeugung: Mannschaftssport ohne Teamwork und Teamgeist kann nicht funktionieren. Daher schwor er sein Team schon in den Achtzigerjahren auf Achtsamkeit ein. Anfangs musste er bei den Zwei-Meter-Hünen einiges an Überzeugungsarbeit leisten, aber spätestens nach dem sechsten NBA-Titel waren die Spieler rund um Basketball-Legende Michael Jordan überzeugt, dass Team-Achtsamkeit sie unschlagbar macht.

Dabei ist Team-Achtsamkeit nicht dasselbe wie individuelle Achtsamkeit. Denn es geht nicht um das Erleben des Einzelnen, es geht dabei um die Qualität des Miteinanders. Die Gruppe wird als eine Einheit betrachtet, die das Bewusstsein für die gemachten Erfahrungen teilt, eingebrachte Ideen werden auch nicht sofort als richtig oder falsch klassifiziert. Und ebendas macht achtsame Teams zufriedener und damit leistungsfähiger. Zu diesem Ergebnis kommt auch eine von Lingtao Yu und Mary Zellmer-Bruhn erstmals durchgeführte Studie.[22]

Marie hat es auch selbst schon erlebt: Der große Vorteil von Team-Achtsamkeit liegt darin, dass es nicht um die individuelle Achtsamkeit geht und daher auch nicht jedes einzelne Teammitglied in Achtsamkeit trainiert werden muss. Teams werden produktiver, auch wenn nur einzelne Mitglieder und die Teamleitung geschult sind. Indem sie Achtsamkeit bewusst vorleben, beeinflussen sie automatisch die Stimmung und das Erleben in der Gruppe.

Die reinste Form des Wahnsinns ist es,
alles beim Alten zu lassen und gleichzeitig
zu hoffen, dass sich etwas ändert.
Albert Einstein

Wahrscheinlich bist du in vielen Aspekten der acht Treiber für Neuroplastizität schon bestens unterwegs. Und wie so oft hilft auch hier die Strategie der kleinen Schritte. Wir brauchen nicht zum Veganismus zu konvertieren oder jeden Tag für den Marathon zu trainieren. Es reicht schon, wenn wir den einen oder anderen Impuls aufnehmen und da, wo es leicht geht, umsetzen.

Marie weiß mehr ...

... über Wohlbefinden als Fähigkeit

»Well being is a skill« – dieser Satz von Dr. Richard Davidson, einem der bekanntesten Neurowissenschaftler unserer Zeit, ist Maries Mantra. Denn viel zu oft glauben wir, dass es etwas mit den äußeren Umständen, mit Glück oder den Genen zu tun hat, ob wir uns wohlfühlen.
Davidson, Gründer des »Center for Healthy Minds«, der dem Rat des Dalai Lama folgte und seither Güte, Mitgefühl und Wohlbefinden er-

forscht, fand heraus, dass wir unser Wohlbefinden durch kontemplative Praktiken stärken können. Die mit unserem Wohlbefinden verbundenen Gehirnareale sind nämlich sehr plastisch (also leicht form- und entwickelbar). Nur wenige Minuten Meditation am Tag reichen aus, um eine erkennbare, messbare Veränderung im Gehirn hervorzurufen.

Seine Vision ist es, dass mentale Übungen in Form von Meditation einmal genauso verbreitet sind wie heutzutage sportliche Aktivitäten. Vor fünfzig Jahren waren viel weniger Leute im Alltag körperlich aktiv als heute. Die wissenschaftlichen Befunde, die zeigen, dass regelmäßige Bewegung gut für die Gesundheit ist, haben mit Sicherheit enorm dazu beigetragen, dass das heute für einen weitaus höheren Prozentsatz der Bevölkerung eine Selbstverständlichkeit ist. Laut Davidson wird irgendwann auch die überwiegende Mehrheit einen Punkt erreichen, an dem sie versteht, dass mentale Übungen wichtig sind für unsere geistige Gesundheit, für unser Wohlergehen und unsere Entfaltung. So wird Meditation in unseren Schulen, in unserer Bildung und in der Arbeitswelt zur Alltagspraxis gehören. Richard Davidson ist sich sicher: Die Welt wird ein anderer Ort sein, wenn das passiert.[23]

Mit dieser Vision hat er mit seinem Team die Healthy-Minds-Program-App entwickelt, ein wissenschaftsbasiertes, praktisches Tool, das ich selbst und viele Freunde täglich nutzen. Dank viel

ehrenamtlicher Arbeit und zahlreicher Spendengelder steht es sogar kostenlos zur Verfügung.
Ganz große Empfehlung von mir und dem ganzen SAM-Team!

Dranbleiben – Regelmäßiger Zwischencheck

Kein agiles Projekt ohne Review. Halte es genauso mit deiner Übungspraxis. Reflektiere regelmäßig, wo du in deiner Praxis gerade stehst. Wie geht es dir damit? Was konntest du umsetzen? Wo ist es noch schwierig? Braucht es eventuell eine kleine Veränderung, damit du leichter dranbleiben kannst? Viele Schwierigkeiten, die unterwegs auftauchen, sind typisch; und es gibt einfache Lösungen dafür. Häufig braucht es nur eine kleine Kurskorrektur, damit es wieder flutscht.

Trag dir deinen nächsten Review-Termin in drei Monaten gleich in dein Canvas und in deinen Kalender ein.

MINDFULNESS CANVAS

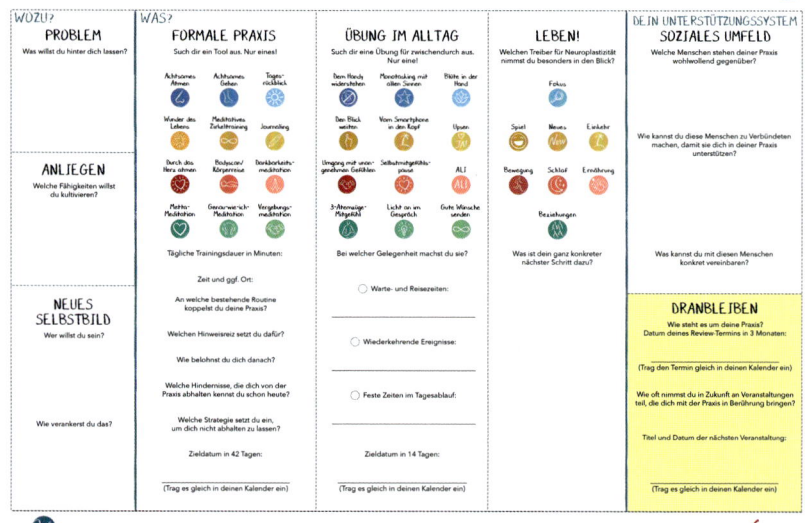

WOZU?	WAS?			DEIN UNTERSTÜTZUNGSSYSTEM
PROBLEM	**FORMALE PRAXIS**	**ÜBUNG IM ALLTAG**	**LEBEN!**	**SOZIALES UMFELD**

PROBLEM
Was willst du hinter dich lassen?

FORMALE PRAXIS
Such dir ein Tool aus. Nur eines!

ÜBUNG IM ALLTAG
Such dir eine Übung für zwischendurch aus. Nur eine!

LEBEN!
Welchen Treiber für Neuroplastizität nimmst du besonders in den Blick?

SOZIALES UMFELD
Welche Menschen stehen deiner Praxis wohlwollend gegenüber?

Achtsames Atmen · Achtsames Gehen · Tagesrückblick
Wunder des Lebens · Meditatives Zirkeltraining · Journaling
Durch das Herz atmen · Bodyscan/Körperreise · Dankbarkeitsmeditation
Metta-Meditation · Gewahrsein-Meditation · Vergebungsmeditation

Dein Handy widerstehen · Monotasking mit allen Sinnen · Blicke in der Hand
Den Blick weiten · Vom Smartphone in den Kopf · Upun.
Umgang mit ungewünschten Gefühlen · Selbstmitgefühlspause · ALI
3-Atemzüge-Mitgefühl · Licht an im Gespräch · Gute Wünsche senden

Fokus
Spiel · Neues · Einkehr
Bewegung · Schlaf · Ernährung
Beziehungen

ANLIEGEN
Welche Fähigkeiten willst du kultivieren?

Tägliche Trainingsdauer in Minuten:

Zeit und ggf. Ort:

Bei welcher Gelegenheit machst du sie?

Was ist dein ganz konkreter nächster Schritt dazu?

Wie kannst du diese Menschen zu Verbündeten machen, damit sie dich in deiner Praxis unterstützen?

Was kannst du mit diesen Menschen konkret vereinbaren?

○ Warte- und Reisezeiten:

NEUES SELBSTBILD
Wer willst du sein?

An welche bestehende Routine koppelst du deine Praxis?

Welchen Hinweisreiz setzt du dafür?

Wie belohnst du dich danach?

Welche Hindernisse, die dich von der Praxis abhalten kennst du schon heute?

Welche Strategie setzt du ein, um dich nicht abhalten zu lassen?

Wie verankerst du das?

○ Wiederkehrende Ereignisse:

_____

○ Feste Zeiten im Tagesablauf:

_____

DRANBLEIBEN
Wie steht es um deine Praxis?
Datum deines Review-Termins in 3 Monaten:

(Trag den Termin gleich in deinen Kalender ein)

Wie oft nimmst du in Zukunft an Veranstaltungen teil, die dich mit der Praxis in Berührung bringen?

Titel und Datum der nächsten Veranstaltung:

Zieldatum in 42 Tagen:

(Trag es gleich in deinen Kalender ein)

Zieldatum in 14 Tagen:

(Trag es gleich in deinen Kalender ein)

(Trag es gleich in deinen Kalender ein)

www.mindfulleader.de

Trigon

Von der Commitment- in die Genussphase

Lies dieses Kapitel am Review-Termin, 42 Tage nach deinem Start in die Commitmentphase. Oder lies es dann noch einmal.

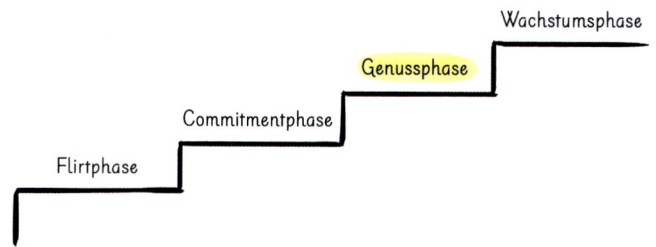

An der Schwelle

Du hast die Commitmentphase erfolgreich gemeistert, wenn deine Praxis fest etabliert ist. Die 42 Tage sind dafür nur ein Näherungswert. Entscheidend ist deine ehrliche Selbsteinschätzung: Fühlst du dich schon gut in der Routine angekommen?

Für den Fall, dass deine tägliche Praxis noch nicht stabil ist, haben wir eine klare Empfehlung: Setz dir heute einfach ein Datum, bis zu dem du die Commitmentphase verlängerst. Wenn das für dich passt, nimm der Einfachheit halber noch mal 42 Tage.

Vielleicht bist du gerade in einer besonders turbulenten Zeit. Wahrscheinlich sind ein paar Hürden und Hindernisse dazugekommen, die sich zwischen dich und die tägliche Übung geschoben haben.

In jedem Fall unseren herzlichen Glückwunsch: Auch wenn du nicht (fast) jeden Tag so drangeblieben bist wie geplant – mit dem bisher Geleisteten hast du bereits wertvolle neurobiologische Grundlagen geschaffen. Solltest du aus Neugier und Ungeduld vorschnell mehr machen wollen, wirst du erfahrungsgemäß rasch auch diese Grundlagen wieder verlieren. Das wäre schade. Nimm dir einfach einen Moment, um zu reflektieren:

- Worin bestehen die Hindernisse und Hürden, die es dir schwer machten, deine Praxis jeden Tag durchzuziehen?
- Welche Strategien fallen dir jetzt mit etwas Zeit und Abstand ein, um einen neuen, kreativen Umgang damit zu finden?
- Geh »SAMs goldene Regeln für die Commitmentphase« noch mal durch: Wo findest du eine Anregung, es noch einmal ein wenig anders anzugehen als bisher?
- Schreib das neue Zieldatum jetzt in deinen Kalender.

Auch wenn deine Praxis stabil ist, gibt es gute Gründe, um trotzdem in der Commitmentphase zu bleiben.

Du hast dir zu Beginn der 42 Tage eine Zeit ausgesucht, die sich für dich bewährte und gut funktioniert. Wenn du deiner Übung täglich treu bist, reichen schon zwei Minuten am Tag für messbare und erlebbare Unterschiede.

Das ist eine großartige Leistung, die Anerkennung verdient und eine völlig andere Qualität darstellt als das gelegentliche on/off in der Flirtphase. Wenn du dich damit wohlfühlst und den Eindruck hast, dass dein Leben gerade nicht mehr hergibt, behalte diese Praxis bei und danke die jeden Tag dafür, dass du sie hast.

Wechsle nur in die Genussphase, wenn deine formale tägliche Praxis gut etabliert ist und du dich bereit dazu fühlst.

Du hast dir in der Commitmentphase eine solide Grundlage aufgebaut, die wir »Baseline« nennen wollen. Darauf kannst du jetzt deine Praxis aufbauen. Falls deine Baseline unter zehn Minuten war, steigere dich nun in langsamen Schritten auf zehn Minuten pro Tag.

Sammle gelegentlich Erfahrungen mit längeren und tieferen Sequenzen. Für dich allein, mit geleiteten Meditationen, mit anderen oder in Retreats.

Lass auch in deinen Alltag immer wieder Momente und Impulse der Achtsamkeit einfließen. Vielleicht regt dich die eine oder andere Übung in diesem Buch dazu an, wie du das konkret umsetzen kannst. Gestalte deine äußeren Rahmenbedingungen da und dort so um, dass sie deinen Bedürfnissen für ein achtsameres Leben besser entsprechen.

Bei den »Großen 4« wirst du nun deutliche Veränderungen wahrnehmen. Nicht immer gleich und vielleicht auch nicht gleich stark in allen Bereichen, aber doch spürbar!

Dranbleiben

Und natürlich wirst du es mit einer ganzen Reihe von Herausforderungen zu tun bekommen. Jeden Tag dranzubleiben wird auch Disziplin, Wachheit und vorausschauendes Organisieren erfordern. Und eine klare Priorität.

Längere Trainingseinheiten sind anspruchsvoller (aber eben auch ergiebiger) als ganz kurze. Falls du in der Commitmentphase mit zwei Minuten begonnen hast, sprechen wir jetzt immerhin von einer Verfünffachung!

Wie schon mehrfach beschrieben, ist die Verbindung zwischen formaler Praxis und gelebtem Alltag essenziell. Dazu haben wir dir in den bisherigen Kapiteln schon so viele Anregungen gegeben, dass wir das hier nicht weiter vertiefen.

Wenn du magst, steck deinen Zeithorizont weiterhin ab. »SAMs goldene Regeln für die Commitmentphase« gelten weiterhin, nur dass der Zeithorizont von 42 Tagen entfällt. Etliche unserer Gesprächspartner erzählten uns aber, dass es ihnen in den ersten Monaten, manchmal sogar Jahren half, sich immer wieder neue zeitliche Ziele zu stecken: »Auf jeden Fall noch bis zum Sommerurlaub«, »… bis es im Herbst wieder weitergeht«, »… bis Weihnachten«. Wenn das für dich auch funktioniert, nutz das unbedingt! Zusatzempfehlung: Mach dir gleich einen Review-Termin in deinen Kalender.

Um langfristig dranzubleiben, empfehlen wir dir sehr, ein- bis zweimal pro Jahr irgendeine Veranstaltung zum Thema zu besuchen. Es gibt mehrtägige meditative Bergwanderungen und Achtsamkeit-im-Liegen-Seminare, Schweigeseminare und Angebote zu achtsamem Dialog, Seminare zu Clownerie und Achtsamkeit und Seminare zu achtsamer Trauerarbeit. Angebote ohne traditionelle Färbung genauso wie buddhistische und christliche Angebote, Selbstmitgefühlstrainings, Meditation am Meer und auf dem Berg, Kloster auf Zeit und noch viel mehr. Den größten deutschsprachigen Veranstaltungskalender findest du auf www.themindfulrevolution.org. Such dir in den nächsten Tagen ein Angebot heraus, das du im Lauf des Jahres machen willst, buch es gleich, und trag es in dein Canvas und in deinen Kalender ein.

In der Commitmentphase hast du dir einen entscheidenden Vorteil erarbeitet, den du nie mehr aus der Hand geben solltest: deine Baseline. Durch deine eigene, bewusste Entscheidung und Disziplin hast du neuronale Netzwerke in deinem Gehirn gebildet, die dich auffangen werden, wenn es hart auf hart kommt.

Es wird immer wieder Zeiten geben, in denen alles drunter und drüber geht und du gefühlt keine freie Minute hast. Reduzier dann deine ganze Praxis auf die paar Minuten, mit denen du begonnen hast. Und die mach weiterhin, komme, was da wolle.

Stabile statt hundertprozentig fokussierte Aufmerksamkeit

Ein verbreiteter Anfängerfehler besteht darin, sich hundertprozentig auf das Objekt unserer Aufmerksamkeit zu fokussieren. »Hä?!«, hören wir dich jetzt sagen. »Ich dachte, genau darum geht es?«

Später, in ein paar Jahren, wird es darum gehen, wenn du dich in die Wachstumsphase aufmachst und dort unterwegs bleibst (falls du dann das Modell von John Yates verwendest, das wir sehr empfehlen, auf Stufe 6 von 10).

Erst einmal geht es jedoch lediglich darum, unsere Aufmerksamkeit immer mehr zu stabilisieren. Das ist anspruchsvoll genug. Dafür brauchen wir zwei Elemente: unseren Fokus und unsere periphere Wahrnehmung.

Greifen wir dazu noch mal das Bild von der Taschenlampe auf: Die können wir ganz fokussiert einstellen. Dadurch können wir ein Objekt auswählen, das wir ganz hell beleuchten, und der Rest bleibt im Dunkeln. Völlig im Dunkeln? Nein – der Lichtkegel einer Taschenlampe ist nie ganz scharf, das Licht wird immer ein wenig streuen. Damit kannst du auch am Rand des Lichtkegels noch schemenhaft etwas wahrnehmen. Das ist die periphere Wahrnehmung.

Wenn du nun deine Aufmerksamkeit trainierst, indem du sie auf deinen Atem fokussierst, dann hörst du weiterhin den Verkehrslärm oder das Vogelzwitschern, das Rattern irgendwelcher Maschinen und sonstige Hintergrundgeräusche. Du spürst nicht nur deinen Atem, sondern vielleicht auch ein leichtes Grummeln in der Magengegend oder ein Kribbeln im linken Fuß. Und genau diese Wahrnehmungen machen wir uns zunutze. Wir fokussieren uns nicht darauf (und wenn sie sich einmal in den Vordergrund schieben, dann bringen wir den Fokus wieder zurück zum Atem). Aber wir spendieren ihnen immer einen Teil unserer Aufmerksamkeit. Sagen wir 97 Prozent Aufmerksamkeit auf den Atem, 3 Prozent auf die Peripherie.

Wollten wir diese 3 Prozent auch noch wegschalten, dann würde unsere Aufmerksamkeit rasch kollabieren. Das wiederum führt unweigerlich dazu, dass wir auch den bewussten, wohlwollenden Fokus auf den Atem verlieren und für einen Moment wegdämmern, bis wir irgendwann später wieder daran denken, den Lichtschalter zu betätigen.

Wir gehen hier nicht auf die Theorie ein, warum das so ist. Probier es einfach einmal beim Training aus. Wir hören immer wieder von Teilnehmern, was für einen wesentlichen Unterschied das für sie macht.

Länger trainieren

Wenn du deine Trainingssequenzen ausweitest, wirst du auch ein paar neuen Herausforderungen begegnen. Hier die häufigsten mit ein paar Empfehlungen dazu:

Heftige Unruhe

Wenn du merkst, dass es dir sehr schwerfällt, zur Ruhe zu kommen, empfehlen wir dir, eine Vorübung zu machen:

- Journaling hilft, das Gedankenkreisen zu unterbrechen. Unser kognitives System kann ausspeichern, was ihm gerade so immens wichtig scheint, und sich danach entspannen: Uff, alles ist aufgeschrieben und damit gesichert. Jetzt darf ich loslassen …
- Ausdauersport und Bewegung helfen, Stresshormone abzubauen.
- Die Bewegungsübungen des Yoga sind manchen Lehrern zufolge sogar dafür entwickelt worden, um Körper und Geist auf langes Meditieren im Sitzen vorzubereiten.

Rückenschmerzen

Wenn du merkst, dass dir langes Sitzen große körperliche Mühe macht, ist das wahrscheinlich auch ein Signal, etwas für deinen Rücken zu tun, etwa deine Rückenmuskulatur zu stärken, zur Physiotherapie zu gehen oder Ähnliches. Yoga kann hier helfen oder vielleicht auch eines der beiden Bücher, die wir in diesem Zusammenhang gern empfehlen: *Spiraldynamik* von Renate Lauper und Christian Larsen[1] und *Aufrichtig aufrecht* von Solveig Hoffmann.[2]

Eingeschlafene Beine

Wenn die Beine beim Meditieren einschlafen, ist das völlig ungefährlich. Dennoch kann es sein, dass wir uns deswegen Sorgen machen, solange wir nicht wissen, woher dieses Phänomen kommt. Wenn bei entspannten Beinen ein Druck auf den Nerv ausgeübt wird, werden die Nervenimpulse möglicherweise nicht weitergeleitet. Dadurch entsteht unser Gefühl, die Beine nicht mehr zu spüren.

An der Durchblutung ändert sich aber nichts. Kein Arterienstau, kein Venenstau, alles ganz normal. Darum haben eingeschlafene Beine auch die gleiche Farbe wie nicht eingeschlafene. Es ist nur wichtig, mit eingeschlafenen Beinen nicht plötzlich aufzustehen. Sonst könnten wir umknicken oder umfallen.

Angekommen in der Genussphase

Wenn du gut in der Genussphase angekommen bist, hat sich das zentrale Anliegen unseres Buches erfüllt. Alles Weitere ist Kür.

*Die Welt wird ein anderer Ort sein, wenn
Meditation zur Alltagspraxis gehört.*
Richard Davidson

Herzlichen Glückwunsch! Du hast eine regelmäßige Praxis, die du variieren kannst und die mit deinem Leben verbunden ist. Du hast Erfahrungen mit längeren und tieferen Sequenzen gesammelt. Die »Großen 4« – Fokus & Effizienz, Kreativität & Innovationsfähigkeit, Vitalität & Resilienz, Einfühlungsvermögen & Sozialkompetenz – entfalten sich in einem Ausmaß, das sich ganz erheblich von deinem Leben davor unterscheiden wird. Du hast etwas unschätzbar Wertvolles entwickelt, was dir eine

ganz neue Wachheit, Präsenz und Lebensqualität eröffnet. Das dich durch die Höhen und Tiefen deines weiteren Lebens begleiten wird. Dir vielleicht das Grundvertrauen und die Zuversicht gibt, dass du dich und den Zugang zu deiner inneren Lebendigkeit nie mehr komplett verlieren wirst, egal, wie turbulent es noch werden mag.

Und wenn du den Eindruck hast, dass das
Leben ein Theater ist, dann suche dir eine
Rolle aus, die dir so richtig Spaß macht.
William Shakespeare

Du wirst vielleicht ein-, zweimal im Jahr eine Veranstaltung besuchen. Ein Retreat zur Vertiefung oder ein Seminar, um neue Techniken, Zugänge und inspirierende Menschen kennenzulernen. Zumindest empfehlen wir dir das aus ganzem Herzen. Mit hoher Wahrscheinlichkeit hast du auch zumindest ein, zwei Menschen in deinem Umfeld, mit denen du dich zu deiner Praxis austauschen kannst. Wir merken immer wieder aufs Neue, wie wichtig und hilfreich es für die meisten Praktizierenden ist, ein gutes Netzwerk von Verbündeten zu haben.

Um deinen Erfolg zu genießen, ganz in dieser neuen Realität und diesem Lebensgefühl anzukommen, mach dich hier erst einmal heimisch. Wenn du es dir aussuchen kannst, bleib einmal ein, zwei Jahre hier. Auch länger, wenn du magst.

Die meisten Menschen, die so weit gekommen sind, bleiben im Wesentlichen auf dieser Stufe. Zumindest heute noch. Und um es ein weiteres Mal zu feiern: Wenn du es so weit geschafft hast, juble dir jeden Tag selbst dafür zu! Es ist großartig und wesentlich, was du erreicht hast: die Basis für ein Leben, in dem du mit dem ganzen Wahnsinn unseres Alltags immer mehr in einer neuen inneren Souveränität und Selbstbestimmtheit umgehen kannst.

Wachstumsphase: Auf dem lebenslangen Lern- und Entwicklungsweg

Vielleicht gehst du irgendwann noch einen Schritt weiter, in aller Freiheit. Denn – mit allem Respekt – wenn du dein restliches Leben in der Genussphase bleibst, ist das okay. Es ist aber auch ein bisschen, wie einen Lamborghini in deiner Garage stehen zu haben und damit nur zu fahren, um jeden Tag die Leberkässemmel um die Ecke einzukaufen. Mit deinen Liebsten am einsamen Strand deiner Träume zu sitzen (immerhin – du bist bis hierhin gekommen!) und dich dann nicht ins Wasser zu trauen, weil du keine Badehose dabeihast. Wie einen Tag mit dem Dalai Lama zu haben und ihn nur um ein Autogramm und ein Selfie zu bitten. Drei Bilder, eine Botschaft: Da geht noch mehr ... Viel mehr!

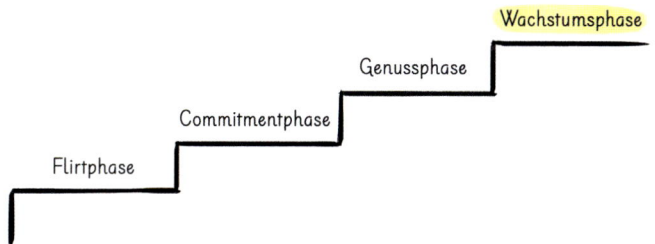

Was uns weiterbringt: Krisen

Egal ob mit Achtsamkeit oder ohne: Es scheint ein Grundprinzip unseres Lebens zu sein, dass wir im Lauf unserer Entwicklung eine Reihe von Krisen durchlaufen müssen. Manche Leute gehen davon aus, dass alle sieben Jahre ein brauchbarer Richtwert ist. Manche Krisen hängen natürlich mit äußeren Übergängen zusammen: Wir werden erwachsen – Krise! Wir werden mit unserer Ausbildung fertig – Krise! Unsere erste Trennung – auch

Krise! Wir bekommen Kinder, wir ziehen um, wir heiraten – jedes Mal Krise. Wir verlieren unseren Job, wir finden einen neuen, die Kinder verlassen das Haus, wir gehen in Rente, wir verlieren einen geliebten Menschen … immer aufs Neue ist damit auch eine Phase der Neuorientierung verbunden, in der das vertraute Alte nicht mehr trägt und das Neue, das vor uns liegt, noch unbekannt ist.

Manche Krisen kommen auch ohne großen äußeren Anlass. Die Midlife-Crisis ist das populärste Beispiel dafür.

> *Die Schwester des Glücks ist das Leid. Wer es verleugnet, verdrängt oder betäubt, der betäubt auch sein Glück.*
> Dalai Lama

Beziehungskrise mit dreieinhalb Fortsetzungen

Werfen wir exemplarisch vielleicht einen Blick auf eine der schlimmen Beziehungskrisen in unserem Leben. Der Anfang war super, Himmel voller Geigen und alles. Jetzt ist alles scheiße. Wir haben uns auseinandergelebt, vielleicht betrogen, wahrscheinlich hässlich gestritten, oder es ist einfach nur kühl, resigniert und tot zwischen uns. Ein letztes Ereignis hat das Fass zum Überlaufen gebracht, und da sitzen wir mit der Klarheit, dass es so nicht weitergehen wird. Große Enttäuschung. Fette Krise.

Krisen sind so mühsam für uns, weil sie das Risiko eines großen inneren Umbaus mit sich bringen. Wenn wir plötzlich keinen Partner mehr haben oder einen völlig anderen, dann funktionieren unsere ganzen gut eingespielten Muster nicht mehr wie gewohnt.

Neurobiologisch betrachtet, taugen viele alte Verknüpfungen in unserem Gehirn nicht mehr, neue neuronale Netzwerke müssen sich erst bilden. Das ist doof, weil unser Gehirn gut eingespielte Muster liebt und der Aufbau von neuen Verbindungen mit hohem Energieaufwand verbunden ist.

Psychologisch betrachtet, wird unser Selbstbild infrage gestellt, und wir müssen uns mit unseren Rollenverteilungen, Werten und Gewohnheiten erst wieder in den neuen Gegebenheiten einruckeln.

Fortsetzung 1a: Weiter so mit dem gleichen Partner

Um uns diese Mühe zu ersparen, machen wir nach reichlich Tränen und Dramatik ein paar Pflaster auf die Sache und weiter wie bisher. Optional noch mit dem Vorsatz, dass jetzt alles anders wird.

Der große Vorteil für unser Gehirn: Wir können mit unserem festgefahrenen alten Selbstbild weiterfahren und sparen uns den Aufwand einer Neuausrichtung.

Der Preis, den wir bezahlen: Wir brauchen immer mehr Pflaster, um die Signale und Symptome zu überdecken, die uns immer deutlicher sagen: Das wird nichts mehr. Das Wegschauen und Leugnen ist kurzfristige ein guter Deal, langfristig kostet es uns viel Lebensenergie.

Fortsetzung 1b: Weiter so, nur mit neuem Partner

Um uns die Mühe eines inneren Umbaus zu ersparen, machen wir nach reichlich Tränen und Dramatik Schluss und finden einen neuen Partner, der bloß einen anderen Namen trägt und mit dem wir die vertrauten Spiele weiterspielen können. Optional noch mit dem Vorsatz, dass jetzt alles anders wird.

Vor- und Nachteil für unser Gehirn sind identisch mit Fortsetzung Nummer 1a. Erfreulich ist vielleicht die erneute Hormonparty zum Einstieg. So mit Himmel voller Geigen und alles. Unser eingefahrenes altes Selbstbild ist gerettet.

Fortsetzung 2: Neue Muster

Schon immer gab es in uns diese eine Seite, die sich einen ganz anderen Partner gewünscht hatte. In mancher Hinsicht vielleicht sogar das echte Gegenteil von den fürchterlichen Typen, bei denen wir stattdessen immer landen. Jetzt ist unsere Gelegenheit! Wir trennen uns, und diesmal wird es wirklich anders. Neuer Partner, große Hormonparty. Vielleicht ist dieser neue Mensch sogar empfänglich für das Thema »Achtsamkeit« … Sehr attraktiv! Oder ganz im Gegenteil und gerade deshalb sehr attraktiv! In jedem Fall entdecken wir Seiten in uns, die lange unterdrückt und kleingehalten waren. Wir entfalten uns. Herrlich! Endlich!

Der Aufwand, den unser Gehirn mit dem Neusortieren all der Synapsen hat, ist beträchtlich. Genauso gut hätte die neue Liebe scheitern können, aber in unserem Beispiel geht alles gut. Und so werden wir für unseren Mut belohnt. Ein neues eingefahrenes Selbstbild entsteht und ersetzt das alte.

Wir brauchen uns nicht weiter vor Auseinandersetzungen, Konflikten und Problemen mit uns selbst und anderen zu fürchten, denn sogar Sterne knallen manchmal aufeinander und es entstehen neue Welten. Heute weiß ich: Das ist das Leben!
Charlie Chaplin

Fortsetzung 3: Die tatsächlich neue Option

Große Enttäuschung. Fette Krise. Ja, im Ernst: Das gibt es auch noch, wenn wir Achtsamkeit im Gepäck haben.
Der Unterschied in der Wachstumsphase: Wir verwenden unsere psychische Energie nicht mehr darauf, gleich wieder ein Pflaster auf den ganzen Mist zu kleben, um unser eingefahrenes Selbstbild zu retten. Wir rennen auch nicht blindlings zum nächsten Partner, damit alles ganz anders wird.

Zwischen Reiz und Reaktion liegt ein Raum.
In diesem Raum liegt unsere Macht zur Wahl
unserer Reaktion. In unserer Reaktion liegen unsere
Entwicklung und unsere Freiheit.
Viktor E. Frankl

Stattdessen schauen wir dem vollen Programm, das in uns abläuft – Schmerz, Wut, Trauer, Angst – wach, neugierig und wohlwollend zu, so gut uns das eben gelingt. Mal besser, mal schlechter.
Vielleicht entdecken wir da eine vorwurfsvolle Stimme: »Dein Partner ist daran schuld. Er/sie schafft es ja nie, dass … Er/sie muss ja immer gleich …« Oder eine, die uns selbst niedermacht: »Du bist das Letzte! Warum hast du nicht früher daran gedacht, … zu tun? Jetzt ist es wieder einmal offensichtlich, dass du nichts, aber auch rein gar nichts auf die Reihe kriegst in deinem Scheißleben!« Vielleicht eine verzweifelte Kinderstimme: »Ich hab mich doch sooo bemüht! Warum muss das immer mir passieren?« Und irgendwo dazwischen noch einen Pragmatiker: »Augen zu und durch, das wird schon. Jetzt aber ran und ein paar klare nächste Schritte setzen. Genug nachgedacht!«
Wetten, wir alle kennen diese Stimmen? Wir können sie weg-

drängen, dem inneren Pragmatiker folgen und einfach, zack, zack, mit der Umsetzung von 1a, 1b oder 2 starten. Wir könnten ihnen auch ohne Achtsamkeit endlos zuhören und in dem ganzen Stimmenwirrwarr verloren gehen.

Wach, neugierig und wohlwollend macht den Unterschied

Die neue Option nach ein paar Jahren Achtsamkeitspraxis ist jedoch: zuhören können, ohne gleich zuzumachen und ohne uns runterziehen zu lassen. Wach, neugierig und wohlwollend zu sagen: »Willkommen, ihr Ängste, Sorgen, Zweifel, Vorwürfe, inneren Pragmatiker! Was habt ihr auf dem Herzen? Lasst mal hören, ich bin gern da für euch.«

> *Beug dich über deinen Schmerz wie über*
> *ein Kind, das du sanft streicheln möchtest.*
> Jack Kornfield

Dabei können wir etwas Wesentliches über uns herausfinden. Und so kommen wir unseren eigenen psychologischen Mechanismen immer besser auf die Schliche. Merken mit Wohlwollen und neugierigem Staunen Schritt für Schritt, wie viel Selbstbetrug und Illusion in diesen Mechanismen eingebaut sind. Wir merken, dass wir mehr sind als diese psychologischen Mechanismen, und müssen uns nicht mehr so stark mit ihnen identifizieren.

Mit Widersprüchlichkeit und Rissen leben lernen

So entsteht nach und nach, Krise für Krise, ein Selbstbild, das weniger eingefahren ist als seine Vorgängerversionen. Eines, das wir nicht mehr ganz so heftig mit Zähnen und Klauen verteidigen müssen, in dem unsere Widersprüchlichkeiten, unser Scheitern und unsere Unvollkommenheit Platz haben.

Dadurch müssen wir weniger Energie verschwenden, um uns selbst, unserem Partner und der übrigen Welt gegenüber eine Fassade aufrechtzuerhalten.

There is a crack, a crack in everything.
That's where the light gets in.
Leonard Cohen

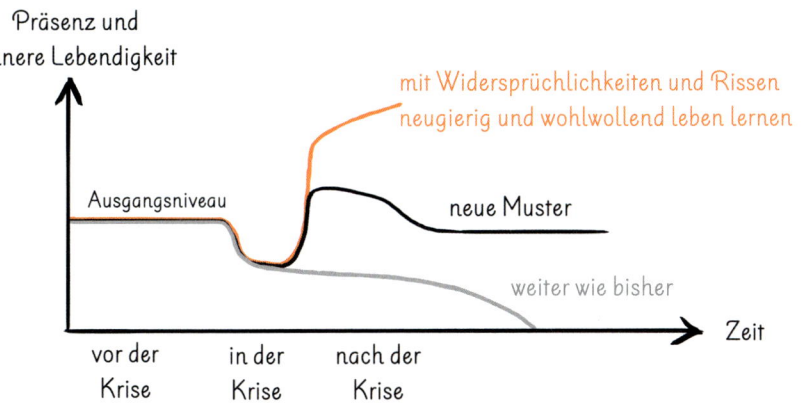

Habe ich ein Ego, oder bin ich mein Ego?

Der fundamentale Entwicklungsschritt von der Genuss- zur Wachstumsphase besteht also darin, dass wir schön langsam bereit werden, unsere eigenen psychologischen Muster zu hinterfragen, ihnen wie von außen zuzuschauen und uns ein wenig von ihnen zu lösen. Weniger zu denken: »Ich bin mein Muster, und deshalb bin ich (gut/schlecht, kompetent/inkompetent und so weiter).« Und mehr: »Wow, ist das nicht spannend – da ist ein Muster! Und es drängt gerade darauf, dies oder jenes zu tun. Will ich dem in aller Freiheit folgen oder mich anders entscheiden? Mal sehen, wie sich die verschiedenen Optionen anfühlen!« Das hat durchaus einen kognitiven Anteil. Wir müssen diese Auseinandersetzung bewusst wollen und die Muster auch in mühsamer Kleinarbeit verstehen lernen. Der wesentlichere Anteil hat aber wenig mit dem Kognitiven zu tun, und wir können ihn nicht erzwingen: eine Instanz jenseits unseres Egos, die diesem ganzen menschlichen Treiben freundlich und gelassen den Raum hält. Die nicht durchs Lesen in unser Leben kommt, sondern durchs tägliche Tun.

Braucht es dazu immer eine Krise? Aus der Perspektive der Achtsamkeit ist das Wesentliche an der Krise ja das, was dadurch in uns vorgeht. Dafür braucht es definitiv keinen krassen äußeren Auslöser wie einen Todesfall, eine schwere Krankheit oder sonst eine existenzielle Bedrohung. Wenn unser Selbstbild infrage gestellt wird, ist das für unser Ego-System Krise genug. Und dafür bieten sich permanent Gelegenheiten. Der springende Punkt ist also eher, ob wir wach genug und bereit dafür sind, diese Gelegenheiten aufzugreifen.

Und das geht, solange wir nur genug jeden Tag meditieren? Soweit wir das heute verstehen, nein. Nach vielen Gesprächen mit Langzeitmeditierenden, die mittlerweile entweder in einer glücklichen Beziehung leben oder glücklich Single sind, und nach all unseren eigenen Erfahrungen sind wir ziemlich sicher:

Wir brauchen einander. Wachstum ohne Begegnung, ohne Konflikt und ohne Menschen, die uns hart, aber herzlich den Spiegel vorhalten, geht nicht.

Vielleicht haben wir einen Lebenspartner, der uns in alldem herausfordert und begleitet, eine beste Freundin, einen Coach, eine Begleiterin, einen Mentor oder eine Therapeutin. Im Idealfall gleich zwei oder drei Menschen aus dieser Liste.

Am Du werden wir erst zum Ich.
Martin Buber

Die Auseinandersetzung mit unserem Ego-System ist mühsam und immer wieder schmerzvoll. Aber es führt kein Weg daran vorbei, und nein, wir können es auch nicht einfach »wegmeditieren«.

Weitergehen statt stagnieren!

Was kann eine tiefe regelmäßige Achtsamkeitspraxis dann dazu beitragen? Um es noch mal zusammenzufassen: Achtsamkeit kann tatsächlich helfen, dein Gehirn im Lauf der Jahre umzustrukturieren. Das wirkt sich dann so aus, dass du in der nächsten Krise gelassener damit umgehen kannst, wenn sich die Dinge wieder einmal ändern, weil du …

- den verstörenden Signalen in dir selbst und/oder den Menschen um dich herum wacher, wohlwollender und damit wirksamer zuhören kannst,
- dich weniger auf eine bestimmte Vorstellung fixierst, wer du bist oder sein müsstest.

Das alles trägt dazu bei, dass du wacher dafür wirst, wie sehr wir miteinander verbunden sind. So wächst mehr oder weniger als Nebeneffekt ein bestimmtes inneres Grundgefühl, das in verschiedenen Traditionen ganz ähnlich beschrieben wird. Stille Freude, Dankbarkeit, innerer Friede, Mitgefühl, Liebe. Immer? Nicht immer. Aber immer öfter.

Wir haben schon am Anfang dieses Buches darauf hingewiesen: Es ist wie im Sport. Unsere Routine mag zwar gut etabliert sein, aber wenn wir immer gleich trainieren, wird sie irgendwann stumpf. Obwohl wir viel Zeit ins Training versenken, setzen wir keine wirksamen Trainingsimpulse mehr und dümpeln vor uns hin.

Hier ins Detail zu gehen würde den Rahmen dieses Einsteigerbuches völlig sprengen. Aber es ist uns wichtig, dass du weißt: Wenn du nach der Genussphase weitergehen willst, dann versumpf nicht in der immer gleichen lieb gewonnenen Praxis. Such dir Menschen oder eine Gemeinschaft, die dich darin unterstützen, tiefer zu gehen.

Gurus und ihr Scheitern

Wir haben uns auch mit der Frage auseinandergesetzt, ob es nicht vielleicht einen Fast Track zur Überwindung unseres Egos gibt, so was wie eine flotte Abkürzung per Meditations-Turbo. Immerhin ist Selbstlosigkeit ja ein hoher Wert in etlichen Traditionen.

Dabei fiel uns auf, dass es überall Lichtgestalten gibt, die ganz scheußlich scheitern. Menschen, die in ihrer Gemeinschaft gerade für ihre Vorbildhaftigkeit verehrt werden und die irgendwann von ihrem Schatten eingeholt werden. Priester, Mönche, Rabbis, Gurus oder aufgeklärte Linksintellektuelle, die Wasser predigen und in den ärgsten Orgien versumpfen, Spendengelder veruntreuen, ihre Anhänger oder gar Kinder missbrauchen, Morde beauftragen, kurz, die ärgsten Angstfantasien ihrer Gefolgschaft noch bei Weitem übertrumpfen.

Immer wieder sind das Menschen, denen ausgerechnet durch ihre Höhenflüge das Korrektiv anderer Menschen und ihrer Gemeinschaft verloren gegangen ist.

Muss das zwangsläufig so enden? Nein, natürlich nicht. Wir kennen mittlerweile eine ganze Reihe von Menschen aus unterschiedlichsten Traditionen und Weltanschauungen, denen aus unserer Sicht zu Recht große Bewunderung und Verehrung entgegengebracht wird und von deren Integrität wir zutiefst überzeugt sind.

Was macht den Unterschied? Ohne dass wir die Frage auch nur annähernd vollständig beantworten könnten, finden wir es bemerkenswert, dass diese Menschen eines gemeinsam haben: eine fröhliche, unkomplizierte Bescheidenheit, die nicht daher rührt, dass sie irgendwann beschlossen haben, von jetzt an auf eine fröhliche und unkomplizierte Art bescheiden zu sein, weil man das halt so macht oder weil es besonders achtsam oder sonst was wäre, so aufzutreten.

In uns die volle Bandbreite

Vielleicht hat die Bescheidenheit etwas damit zu tun, dass diese Menschen etwas ganz Tiefes über das Menschsein begriffen haben: Der Homo sapiens ist ein Wesen, das eine enorme Bandbreite in sich trägt. Das zugleich die aggressivste, grausamste und unbarmherzigste Spezies auf diesem Planeten ist mit einer endlosen Latte von Gemetzeln, Massenmorden und Genoziden in den Geschichtsbüchern. Und eine Spezies, die zu Fürsorge, Großzügigkeit und Nächstenliebe fähig ist und über sich hinauswachsen kann, dass es kaum zu fassen ist.

Und dass wir das alles in uns haben. Dass sich in unserem »inneren Team« der ärgste Schlächter und Vergewaltiger genauso findet wie der warmherzigste Retter in der Not. Das chaotische Aggressionspaket genauso wie der klare und besonnene Friedensstifter. Der letzte Feigling ebenso wie der strahlende

Held. Schüchterne Seiten und selbstbewusste, überschäumend fröhliche und stillere, ernste.

»Wow, krass!«, hören wir dich sagen. »Und wenn das wirklich so wäre – was heißt das praktisch?«

Großer Disclaimer: Das heißt bitte nicht, dass wir das alles ausleben können oder sollen.

Es heißt vielmehr, dass die Anlage und die Impulse zu alldem in die DNA des Homo sapiens angebaut sind. Und dass wir wahnsinnig viel Energie und Lebendigkeit liegen lassen, wenn wir uns permanent verstellen und deckeln müssen, um uns selbst und der Welt vorzumachen, es wäre anders. Ein eingefahrenes Selbstbild, eine Fassade aufrechtzuerhalten, die unseren Werten und Erwartungen entspricht und hinter der wir alles verstecken müssen, was nicht dazu passt.

Genauso entsteht das, was die Tiefenpsychologie als »Schatten« bezeichnet. So etwas haben wir alle. Je rosaroter und strahlender die Fassade, desto finsterer wird der Schatten des Verdrängten. Wahrscheinlich ist das der direkte Weg in all die Missbrauchsskandale und Enttäuschungen der gescheiterten Gurus.

Nahe und ferne Feinde: Knapp daneben ist auch vorbei

Im Buddhismus gibt es dazu ein sehr brauchbares Modell. Darin werden ein paar »Geisteszustände« beschrieben, die uns guttun. Gleichmut zum Beispiel. Also eine tiefe, wohlwollende innere Gelassenheit. Das Gegenteil davon (also der »ferne Feind«) wäre es, uns über jede Kleinigkeit maßlos aufzuregen und einen großen Zirkus zu veranstalten. Den Unterschied sieht jeder. Feiner wird der Unterschied, wenn es um die sogenannten »nahen Feinde« geht. Ein naher Feind von Gleichmut, den wir von uns selbst gut kennen und auch im Feld der Achtsamkeit nicht selten treffen, ist eine etwas verbiesterte Kontrolliertheit. Man soll ja gleichmütig sein, also zwickt man sich emotionale Regungen weg und macht sich selbst und den anderen vor, dass einen das alles gar nicht berührt.

Wir können Emotionen nicht selektiv betäuben.
Wenn wir die schmerzhaften Emotionen betäuben,
betäuben wir zugleich auch die positiven.
Brené Brown

»Ärger, Trauer, Wut, Enttäuschung? Ich? Niemals! Darüber bin ich schon total hinweg und erhaben.« Das Blöde ist, wir glauben das dann selbst und spüren gar nicht mehr, was da untendrunter alles los ist in uns. Leider kann man so was mit Achtsamkeitstechniken sogar noch herrlich verstärken.

Emotionen immer nur wegzuatmen, statt uns damit auseinanderzusetzen, halten wir für einen Irrweg und im Grunde für unachtsam gegenüber unserer eigenen inneren Buntheit.

Integration entsteht vielmehr, wenn alles sein darf. Achtsamkeit, wie wir sie verstehen, braucht beides:

- Wir wenden uns den Emotionen und Impulsen zu, die uns guttun. Wir »gießen« sie, indem wir ihnen viel Aufmerksamkeit schenken und sie regelmäßig besuchen.

- Wenn unsere unliebsamen, schwierigen Emotionen auftauchen, begegnen wir auch ihnen wach und freundlich. Statt sie aber groß zu gießen und zu düngen, fragen wir sie nach den Bedürfnissen, auf die sie uns aufmerksam machen wollen. So kann hinter unserer Wut das Bedürfnis stehen, gesehen und respektiert zu werden. Wir kümmern uns in einer angemessenen Art und Weise darum, dass wir selbst und andere uns sehen und respektieren. Die Wut wird kleiner werden.

So wächst unser inneres Team im Lauf der Zeit zu einer coolen Truppe zusammen, in der sich keiner zu verstecken braucht und jeder seinen Platz und seine Aufgabe hat.

Und so entwickelt sich vielleicht irgendwann auch ganz von selbst diese unkomplizierte, fröhliche Bescheidenheit. Nicht, weil wir uns darin geübt hätten. Einfach, weil wir uns immer mehr unserer ganz normalen menschlichen Unvollkommenheit und Vorläufigkeit bewusst werden, je länger wir unterwegs sind. Und versöhnt sind damit. »Jo mei, so samma halt«, würde der Bayer sagen. Oder für die Preußen: »So sind wir nun mal, und das ist gut so.«

Ein wunderbares Buch zu den Geisteszuständen, die uns guttun, und darüber, wie wir sie pflegen, ist übrigens *Freude. Erfüllt und glücklich leben* von unserem lieben Freund und Lehrer James Baraz,[1] der nach vierzig Jahren als Meditationslehrer und in seiner fröhlichen Tiefe und Weisheit wirklich weiß, wovon er schreibt.

Was ist, darf sein. Was sein darf,
kann sich verändern.
Werner Bock

 Nachdem Martins Lebenswerk, seine Firma, die Übergabe an die jüngere Generation nicht überlebt hat, fühlte sich Martin zunächst in seinem Weltbild bestätigt: Es kann einfach niemand außer ihm. Er litt wie ein Hund, schlug verbal um sich und fühlte sich, als sei sein ganzes Leben unter den Trümmern seiner gescheiterten Firma für immer begraben. Er war sich sicher, dass »die Jungen« schuld waren mit ihrer »damischen Arbeitseinstellung und dem mangelnden Biss«. Nach einigen Wochen, in denen er es immerhin schaffte, seine Achtsamkeitspraxis einigermaßen aufrechtzuerhalten, begann er ganz langsam und zart, anders auf diese Katastrophe zu blicken. Früher hätte er in einer solchen Situation einen Teufel getan, aber heute fragt er sich: Was war eigentlich sein Anteil? Hätte er nicht schon vor einigen Jahren beginnen müssen, die Organisation neu zu denken und auch die Produktpalette den aktuellen Kundenbedürfnissen anzupassen? Hatte er seinem Nachfolger wirklich zugetraut, das Steuer herumzureißen, oder war etwas in ihm ganz froh, dass er das sinkende Schiff an jemanden übergeben konnte, dem er dann die Schuld zuschieben konnte, wenn es unterging? Wenn er ganz ehrlich war, fühlte er sich seit der Insolvenz auch ein bisschen befreit. All die Jahre Blut, Schweiß und Tränen und die ganze Verantwortung über die Jahrzehnte. Vielleicht könnte ein Neuanfang mit weniger Verantwortung auch ein neues Leben für ihn bedeuten …?

 Die Arbeit im Team ist Hannahs Lebenselixier. Sie mag den Austausch in Meetings, den kurzen Plausch an der Kaffeemaschine und das Gefühl, eingebunden zu sein in ein Team, in eine Organisation, die ihr gefühlt Halt und Sicherheit gibt. Allerdings merkt sie in den letzten Monaten, dass etwas in ihr anfängt, sich zu sträuben. Sie erkennt, dass die dauernden Umstrukturierungen der Abteilungen, die immer strafferen Ergebnisvorgaben sowie die zuneh-

mend überlasteten Kollegen sie auslaugen. Sie fährt nach Hause, um aufzutanken. Dort hat sie vieles nun so organisiert, dass sie ein entspanntes, genussvolles Familienleben führen kann, aber sobald sie zur Arbeit fährt, beginnen sich ihre Akkus zu entladen, sodass sie am späteren Nachmittag völlig gerädert wieder nach Hause kommt. Obwohl sie Gewissensbisse hat, weil sie sich sorgt, dass sie ihre Kollegen im Stich lässt, wird für sie immer deutlicher: Sie wird sich selbstständig machen. Auch wenn es vielleicht unvernünftig und in der momentanen wirtschaftlichen Situation sogar waghalsig ist, merkt sie, dass sie die jahrelange Achtsamkeitspraxis innerlich gestärkt hat und sie sich zutraut, auch Durststrecken der Selbstständigkeit meistern zu können. Sie spürt, dass sie ihr »Warum« auf diesem Weg authentischer und wirksamer in die Welt bringen kann. Jetzt sucht sie ein Netzwerk, damit sie ihr Bedürfnis nach Gemeinschaft auch als Selbstständige leben kann.

Braucht man zu all dem unbedingt Achtsamkeit?

Wir glauben, ja: Die Grundhaltung, wie wir sie zu beschreiben versuchten, und die Bereitschaft, sich auf einen lebenslangen Lernprozess damit einzulassen, die sind schon erforderlich. Braucht es dazu Achtsamkeitstechniken im engeren Sinn? Wahrscheinlich nicht zwingend. Aber sie können enorm wertvoll dafür sein.

Wir fanden auch ein paar wenige Menschen, die unseres Wissens nicht im engeren Sinn meditierten und die wir dennoch ganz ähnlich erleben wie Bruder David, Jack Kornfield oder den Dalai Lama.

Nelson Mandela und José Mujica zum Beispiel. Was die beiden interessanterweise gemeinsam hatten, war unter anderem, dass sie als Revolutionäre viele, viele Jahre in Einzelhaft verbrachten. Was sie aus dieser Zeit berichten, passt sehr gut zu den Überlegungen in diesem Kapitel.

Was ihnen noch gemeinsam war: dass sie nach dieser Zeit der Isolation und persönlichen Transformation ihre Länder Südafrika beziehungsweise Uruguay in einer ganz außerordentlichen Weise führten und einten.

Und damit sind wir schon beim letzten Teil dieses Buches angelangt, dem Wirksamwerden in der Welt.

Wirksam werden in der Welt

Ist es nicht herrlich? Nachdem wir ja alle miteinander verbunden sind, reicht es im Grunde völlig aus, mit den ganzen Wahnsinnigkeiten und Widersprüchlichkeiten in uns selbst Frieden zu schließen, und alle anderen werden auch etwas davon haben. Menschen, die mit sich im Frieden sind, tun automatisch auch den anderen gut. Das haben wir wahrscheinlich alle schon mal beobachtet, und es ist im Grunde auch sehr naheliegend.

Alles, was wir für uns selbst tun, tun wir
auch für andere, und alles, was wir für andere tun,
tun wir auch für uns selbst.
Thich Nhat Hanh

Und noch etwas im Grunde sehr Einfaches und doch sehr Erfreuliches: Wenn wir uns dessen bewusst werden, wie sehr wir miteinander verbunden sind, dann werden wir auch freier, einem ganz natürlichen menschlichen Impuls zu folgen – zu einer Welt beizutragen, die ein guter Ort für alle ist.

Welche konkrete Form das für jeden Einzelnen von uns annimmt, ist zum Glück so bunt und unterschiedlich wie Menschen auch. Einfach deshalb, weil es etwas mit unserer Form zu tun hat, etwas für uns selbst und gleichzeitig für die Welt zu tun, wollen wir zum Abschluss noch etwas von unserem Herzensthema »Permakultur« erzählen.

Nicht das Klima retten, sondern uns

Vielleicht kennst du Eckart von Hirschhausen. Der ist Arzt, Kabarettist und Buchautor und in alldem ordentlich erfolgreich. Bisher interessierten uns vor allem seine Ideen zum Thema »Achtsamkeit«. »Achtsamkeit ist Fitness für die Seele«, meinte er einmal und hat in seinem gemeinsamen Buch mit Tobias Esch ein paar sehr kluge und sympathische Dinge dazu gesagt.[1] Wir haben ihn deswegen auch zu einer gemeinsamen Veranstaltung eingeladen und erst in dem Zusammenhang gemerkt, dass wir noch ein zweites Anliegen teilen: Sein neues Buch *Mensch, Erde!* befasst sich mit Klimawandel und Ökologie:»Unsere Mutter Erde ist krank, sie hat hohes Fieber, und das steigt weiter. Wir sind als ihre Kinder existenziell darauf angewiesen, dass wir sauberes Wasser haben, saubere Luft, gesundes Essen und eine erträgliche Außentemperatur. Alle diese Dinge, die wir für selbstverständlich hielten, sind es nicht. (…) Wenn wir über Umweltschutz reden, muss man es einmal deutlich sagen – wir müssen nicht das Klima retten, sondern uns. Denn gesunde Menschen gibt es nur auf einem gesunden Planeten!«[2]

Wir alle spüren mehr oder weniger drängend, dass es nicht reicht, regional und bio einzukaufen, elektrisch zu fahren und möglichst auf Plastik zu verzichten.

In der Corona-Zeit haben wir als Familie gemerkt, wie gut es uns tut, so viel Zeit miteinander zu haben und jeden Tag in der Natur zu sein. Haben uns auf unseren gemeinsamen Wanderungen ausgetauscht zu unseren Sorgen und Fragen, wohin sich unsere Wirtschaft und Gesellschaft entwickelt. Und dazu, was wir uns für unsere gemeinsame Zukunft und für die Welt wünschen.

Wir wollten praktisch aktiv werden und im Kleinen beginnen, denn vielleicht kennst du auch das Gefühl der Ohnmacht angesichts all der großen Probleme. Einen kleinen, praktischen nächsten Schritt haben wir für uns als Familie gefunden. Und gleichzeitig ist es ein Schritt, der nicht auf uns als Familie begrenzt ist.

*Du musst nicht alles machen. Mach, wozu
dein Herz dich ruft. Wirksames Tun kommt aus Liebe.
Es ist unaufhaltsam, und es ist genug.*
Joanna Macy

Mit einem Thema, das uns schon vor einiger Zeit begegnet ist, haben wir uns im vergangenen Jahr immer intensiver beschäftigt. Es heißt »Permakultur«. Das Kofferwort kommt von »Permanent Agriculture«, also »dauerhafter Landwirtschaft«, und ist eine Idee, die in Australien von Bill Mollison entwickelt und unabhängig davon so ähnlich auch in Japan von Masanobu Fukuoka und im Land Salzburg von Sepp Holzer entdeckt wurde. Beispielhaft ein paar Grundideen:

- *Miteinander geht mehr:* Statt in Monokulturen können Pflanzen in Gemeinschaft mit anderen Pflanzenarten wachsen, mit denen sie sich besonders gut vertragen. So bleibt die eine Pflanze sicher vor Schneckenbefall, weil zu ihren Füßen eine andere Pflanze mit Dornen wächst. Beide profitieren wieder von einer dritten, die ihre Wurzeln durch den Schatten der ersten besonders tief in den Boden wachsen lassen kann und von dort unten Nährstoffe nach oben bringt, an die die beiden anderen allein nicht herankämen.
- *Das Geheimnis hoher Erträge ist ein guter Boden:* So wie das Mikrobiom unseres Darms Auswirkungen auf unsere Lebenszufriedenheit, unser Immunsystem und unsere Produktivität hat, gibt es auch im Boden ein komplexes Zusammenspiel von Mikroorganismen wie Bakterien, Pilzen, Einzellern und wirbellosen Bodentieren mit ähnlich weitreichenden Auswirkungen. Auf die Ertragskraft der Pflanzen, aber auch auf die Fähigkeit des Bodens, Wasser und Kohlenstoff zu speichern.

- *Integration heilt, was durch Entkoppelung danebengeht:* Wo wir hinschauen, wird in der herkömmlichen Landwirtschaft getrennt, was erst im Zusammenspiel einen Sinn ergeben würde. Als einfaches Beispiel leiten wir das meiste Wasser in den nächsten Bach, wenn es viel regnet. Wenn es trocken ist, zapfen wir den Bach an, bis der irgendwann ausgetrocknet ist. Die simple Alternative: Mit Teichen, Wasserläufen, wasserspeichernden Pflanzen und ein paar großen Tanks halten wir das Wasser, statt es ungenutzt abfließen zu lassen, und kommen problemlos durch den ganzen Sommer.
- *Garten ohne Gärtner:* Was stimmig ist, wird leichter – wenn das System nach etwa drei Jahren einmal läuft, braucht es nahezu keine Bewirtschaftung mehr außer Ernten. Masanobu Fukuoka prägte deshalb in seinem Buch *Der große Weg hat kein Tor*[3] auch den Begriff der »Nichts-Tun-Landwirtschaft« und zeigte ganz grundlegende Parallelen zum Zen auf …

Das sind nur vier Aspekte von etlichen. Aber allein die vier machen vielleicht schon nachvollziehbar, was für ein ungeheures Potenzial hier liegt. Permakultur ist ein echter Paradigmenwechsel und sozusagen die Wundertüte der Landwirtschaft. Mit Permakultur können wir

- deutlich höhere Erträge erzielen und damit viel mehr Menschen ernähren als mit herkömmlicher industrieller Landwirtschaft (je nach Berechnung liegen die Angaben bei einer zwölf- bis fünfzigmal höheren Ertragskraft),
- völlig auf chemische Düngemittel und Pestizide verzichten,
- Biodiversität fördern bei Mikroorganismen, Pflanzen, Insekten, Vögeln und Nutztieren.
- den Klimawandel kräftiger bremsen als mit irgendeiner anderen Maßnahme (herkömmliche Landwirtschaft ist einer der Haupttreiber des Klimawandels, dagegen sind Böden mit

einem gesunden Mikrobiom der mit Abstand potenteste CO_2-Speicher, der auf der Erde zur Verfügung steht),

- auch mit dem Klimawandel ein gutes Leben haben (Permakultur funktioniert selbst in den kargsten Weltregionen),
- Versorgungssicherheit gewährleisten für Zeiten, in denen wir mit Blackouts (also großflächigen Stromausfällen mit entsprechenden Folgewirkungen) und Ausfällen globaler Lieferketten rechnen sollten (schon mit 50 Quadratmetern kann sich eine Familie ein ganzes Jahr lang ernähren),
- Achtsamkeit kultivieren und unfassbar viel über unser Zusammenspiel mit dem großen Netzwerk des Lebendigen lernen.

MONOKULTUR | PERMAKULTUR

Und das wollten wir unbedingt mal ganz praktisch ausprobieren. Kurzerhand haben wir einen kleinen Bauernhof im bayerischen Nirgendwo zum Permakultur-Versuchslabor erklärt. Ihr seid herzlich eingeladen, dort zu experimentieren, zu lernen und wirksame Impulse zu geben. Workshops, Lesungen, Konzerte und Geschichten des Gelingens – das alles findet hier statt. Eingebettet in das Herzstück, das permakulturelle Erlebnislabor. Hier wollen wir nichts weniger als mit euch die Zukunft neu denken. Mehr dazu auf:

www.bauerngut.org

Wir freuen uns auf euch!

Wir sagen DANKE

Wir haben es schon weiter vorn in diesem Buch angesprochen: Nichts auf dieser Welt können wir allein. Immer greifen wir auf die Ideen, Vorüberlegungen, Inspirationen, Theorien, Vorprodukte, Ausgangsmaterialien zurück, die wir anderen Menschen verdanken. Bei jeder Erbse könnten wir überlegen, wer sie gepflanzt, geerntet, verpackt, gelagert, versendet, verkauft und so weiter hat.

Genauso ist es mit diesem Buch. Wir stehen nicht nur auf den Schultern von Riesen, sondern noch dazu auf den Schultern Hunderttausender Menschen, die direkt und indirekt alle an diesem Buch »mitgeschrieben« haben. Wir danken euch an dieser Stelle von ganzem Herzen.

Einige wenige von euch können wir hier auch namentlich nennen. Wenn ihr sogar mehrfach vorkommt, dann liegt das einfach daran, dass wir in mehreren Rollen miteinander unterwegs sind …

Danke, liebe Lehrerinnen und Lehrer: James Baraz, Richard Davidson, Friedrich Glasl, Stephen Gilligan, Ildiko Haring, Lisi und Ha Vinh Tho, Gerald Hüther, Jon Kabat-Zinn, Nipun Mehta, Dan Siegel, Otto Scharmer, David Steindl-Rast, Maja Storch, John Culadasa Yates und Arthur Zajonc.

Ihr inspiriert unser Leben, unsere Beratungsarbeit und unsere Lehrgänge. Die Auseinandersetzung mit eurer Arbeit, die Begegnungen und der – zum guten Teil noch fortdauernde – Austausch mit euch haben wesentlich zur Entwicklung des Salzburger Achtsamkeitsmodells (SAM) beigetragen.

Danke an unsere Lektoren Andreas Klaus und Ralf Lay, an Sabine Jänicke und das ganze Team von Droemer Knaur. Dass ihr an uns glaubt, unsere vielen Ideen geduldig kanalisiert und mittragt, macht dieses Buchprojekt überhaupt erst möglich.

Nontira Kigle, unsere Illustratorin der ersten Stunde: Danke für deine Kreativität, deine hohe Einsatzbereitschaft (vor Abgabe dieses Buches sogar am Osterwochenende) und deine Fähigkeit, unsere teilweise verrückten Ideen tatsächlich in wunderbare Illustrationen zu verwandeln.

Danke, Eckart von Hirschhausen, dafür, dass du mit deinem Humor so viele Menschen erreichst und sie dabei auch zu Achtsamkeit mit uns selbst, anderen und unserem Planeten anstiftest, und für deine Empfehlung für dieses Buch. Danke, James Baraz und Nipun Mehta, für eure Begleitung und Empfehlung für dieses Buch, danke für eure Inspiration und euer Engagement für die Welt. Danke, Britta Hölzel, dass du immer wieder mit uns diskutierst und unsere Lehrgänge, Trainings und Konferenzen mit deiner Arbeit bereicherst.

Danke unseren engen Mitarbeiterinnen Elisabeth Artner, Lisa Abel und Sandra Bogen – ohne euch wären wir aufgeschmissen. Danke auch all unseren Förderern, Wegbegleitern und Kollegen, die uns zeigen, dass es möglich ist, Achtsamkeit auch in unsere Wirtschaft und Organisationen zu bringen und so gemeinsam zur Mindful Revolution beizutragen.

Danke insbesondere an unsere Freunde und Kollegen in den Lehrgängen für Mindfulness in Organisationen: Imelda Breitenmoser, Michaela Doepke, Antje Gorgas, Alexander Herr, Christiane Leiste, Hubert Pausinger, Mathias Riedel, Barbara Riedenbauer, Herbert Salzmann, Friedl Sobota, Gabriela von Arx und Melanie Wohnert. Eure Leidenschaft inspiriert uns und die vielen Teilnehmenden, die sich mit uns auf den Weg machen.

Danke an unsere Freunde, Kollegen und Partner in gemeinsamen Trainingsprojekten in Organisationen: Germán Barona, Elli Bauer, Martina Bär-Sieber, Melanie Becker, Cornelia Birnstiel, Elisabeth Cartolaro, Flo Klaass, Holger Eck, Sarah Enzinger, Susanne Fehleisen, Gabriele Fesser, Martina Fischer, Erwin Fuisz, Brigitte Fissek-Wild, Carmen Florea, Silke Franceschin, Christin Gedik, Ulrike Gmachl-Fischer, Reimund Gotzel, Silke

Göddertz, Thomas Gruber, Isabella Heidinger, Bettina Helfenstein, Karina Jäger, Sabine Jost, Menexia Kladoura, Nele Kreyßig, Frank Kurmis, René Kurfürst, Barbara Laky, Thomas Lebesmühlbacher, Gertraud List, Stefanie Maier, Klaus Mayr, Petra Meyer, Sigrid Mildenberger, Lea Mengert, Cornelia Morhardt, Christiane Mundhenk, Sandra Müller, Michaela Osterkorn, Christoph Pfander, Antje Rapp, Jörg Riederer, Beate Rubenbauer, Michaela Schmelzer, Jens Schmidt, Alex Schmitt, Lilith Schubert, Theresia Tauber, Johanna Triendl, Uwe Urbschat, Doris Venzke, Sonja Wagner, Johannes Walldorf, Pete Weber, Barbara Wolf, Birgit Wolfbauer, Karin Wurdak und Sven Zeising.

Danke den Freunden, Ehrenmitgliedern, Botschaftern und aktivsten Aktivistinnen in den Achtsamkeitsverbänden für das verbundene, freudvolle miteinander Unterwegssein!

Germán Barona, James Baraz, Imelda Breitenmoser, Holger Eck, Sabine Dahm, Gabriele Fesser, Susanne Fehleisen, Andrea Feuerhake, Marie-Louise Gebele, Ha Vinh Tho, Lisi Ha Vinh, Gerald Hüther, Kathrin Harder, Rebecca Henkelmann, Alexander Herr, Britta Hölzel, Eva-Maria Kampel, Jon Kabat-Zinn, Andreas Kielwein, Maria Kluge, Nele Kreyßig, Helga Luger-Schreiner, Hannah-Lisa Linsmeier, Joanna Macy, Gerd Metz, Nipun Mehta, Cornelius Pietzner, Elisabeth Preindl, Chris Ruane, Dan Siegel, Tania Singer, Otto Scharmer, Jasmin Schott Carvalheiro, Martin Schulz, David Steindl-Rast, Matthias Strolz, Friedl Sobota, Katherine Weare, Nicole Werner, Marc Wethmar und Melanie Wohnert.

Danke unseren wunderbaren Freunden und Gesprächspartnern, mit denen wir uns immer wieder zu den Themen austauschen können, um die es in diesem Buch geht: Alexandra Abensperg-Traun, Erhan Ali Yilmaz, Susan Bauer-Wu, Michael Berger, Peter Bonanno, Jamie Bristow, Elisabeth Cartolaro, Diana Chapman Walsh, Thomas Engelhardt, Martina Esberger-Chowdhury, Matias Fernández Depetris, Alejandra Galleguillos, Vasco Gaspar, Louise Gebele, Karolina und Johannes Gutberlet, Sabine

Horst, Matthias Horx, Peter Hofmann, Harald Jäckel, Angus Jenkinson, Thomas Legrand, Nathalie Legros, Michelle und Joel Levey, Hannah-Lisa Linsmaier, Helga Luger-Schreiner, Petra Meyer, Selim Nigri, Matthias Reisinger, Chris Ruane, Sonja Schachtner, Irene und Matthias Strolz, Molly Sturges, Sander Tiedeman, Karlheinz Valtl, Amy Varela und Kirsten Wolff.

Esther dankt auch ihrer Schwester und ihren Freundinnen (in der Reihenfolge, wie sie in ihr Leben kamen): meiner Schwester Leonie, der ich blind vertraue und die mir immer wieder neue Perspektiven eröffnet. Claudia Schindler, die mich heute als Unternehmerin und seit der Grundschule in unzählig durchplauderten und durchfeierten Nächten inspiriert. Martina Hesse, Schauspielerin und Autorin, die mit mir seit Jahrzehnten durch dick und dünn und immer weiter geht. Bei Maria Berger, Ärztin und Homöopathin, die mit mir von Berlin bis Venedig und durch mein Leben reist, Katja Kukolj, Weltenbummlerin und Nachhaltigkeitsbotschafterin, die vorlebt, was Freiheit sein kann, und bei Sandra Hertl, Managerin und Innovatorin, die stets weiß, was der »latest shit« nicht nur im Management ist, sowie bei einer Gruppe spannender Frauen aus ganz unterschiedlichen Professionen, die mein Leben jeden Tag emotional und optisch bunter machen.

Von Johannes außerdem ein großes Danke an euch, ihr Freunde und Kollegen in Trigon, und da ganz besonders an die Runde aus dem Büro Salzburg. Die beschwingte Zusammenarbeit mit euch, unser gemeinsames Forschen, Lachen, Reflektieren und dass wir uns in unserer ganzen Kompetenz und Vorläufigkeit begegnen können, gibt mir Hoffnung und immer deutlicher Vorstellungen, wie Organisationen der Zukunft aussehen könnten: Ingo Bieringer, Eva-Maria Kampel, Margit Liebhart, Martina Limpöck, Dajana Maric, Andrea Moldenhauer, Herbert Salzmann, Andrea Spieth und Thomas Weichselbaumer.

Und danke euch allen, die ihr mit eurer immensen Erfahrung, Präsenz und Achtsamkeit den Trigon Zertifikatslehrgang Coaching zu einem ganz besonderen Teil meines Berufslebens macht: Elli Biehal Heimburger, Elisabeth Cartolaro, Michelina Hüsgen, Eva-Maria Kampel, Harriet Kretschmar, Werner Leeb, Gerhard Leinweber und Michaela Lengsfeld. Und dir, Werner Vogelauer, der du das Thema »Coaching« als Pionier in Trigon und in die Welt gebracht hast.

Danke unseren Eltern, die ihr immer für uns da seid.

Von Johannes ein spezielles Danke an seine Eltern, die es zu zweit auf satte hundert Jahre regelmäßiger Meditationspraxis bringen: danke, dass ihr mir diesen Zugang und die Haltung dahinter so früh vermittelt habt, auch wenn ich das alles für eine Weile für den größten Mist auf Erden gehalten habe. Danke für den Austausch zu diesem Buch, für eure Ermutigung und Liebe und dafür, dass ihr für uns ein Beispiel seid, wie lebenslanges Wachsen und gutes Altwerden aussehen kann.

Und ein ganz großes Danke zum Abschluss unseren Kindern, die ihr auch dieses zweite gemeinsame Buchprojekt eurer Eltern so unkompliziert und wohlwollend mitgetragen habt. Beim ersten Buch haben wir euch versprochen, dass wir als Ausgleich dafür viel Zeit für Familienaktivitäten haben werden. Gehalten!

Lieber Maximilian, lieber Laurenz, hier jetzt das zweite Versprechen zum zweiten Buch: eine super Sommerzeit im Permakultur-Garten, den wir schon gemeinsam geplant und gezeichnet haben. Mit Teich und Baumhaus, mit Fangen und Verstecken spielen, Nistkästen aufhängen, Beete anlegen, Beeren ernten, Insekten beobachten und dem Vogelzwitschern lauschen, Lagerfeuer machen und das Glück genießen, dass wir zusammen sind.

Anhang

Das Salzburger Achtsamkeitsmodell in a Nutshell

*Achtsamkeit ist die bewusste, wohlwollende
Ausrichtung unserer Aufmerksamkeit*

bewusste

wohlwollende

Ausrichtung meiner
Aufmerksamkeit

Zwei Ebenen und ihr Dolmetscher

Unser Gehirn und unser Nervensystem lassen sich grob in zwei Ebenen unterteilen: das uralte und mächtige *somatische System* (Wollen) und das jüngere, sprachbegabte *kognitive System* (Denken). Beide sind sehr verschieden und brauchen sich gegenseitig. Sie sprechen aber unterschiedliche Sprachen und benötigen ihrerseits das *sensorische System* (Fühlen), um sich zu verständigen. Dort zeigt es sich auch, wenn es Unstimmigkeiten zwischen Denken und Wollen gibt.

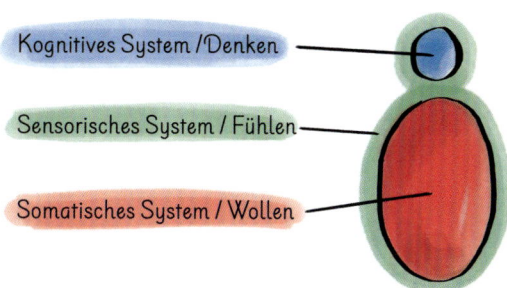

Mehr hilft mehr, aber zu viel ist zu viel

Wir brauchen ein wenig Anstrengung und Anspannung, um etwas zu bewegen. Aber zu viel Anspannung macht uns nicht nur gestresst, sondern auch zusehends unproduktiv.

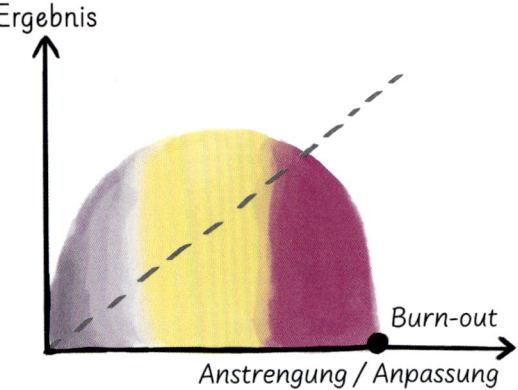

Dissoziation durch Wegschauen

Mit steigendem Stresspegel befördert die Amygdala zusehends eine Entkopplung zwischen Denken und Wollen. Das Fühlen geht verloren.

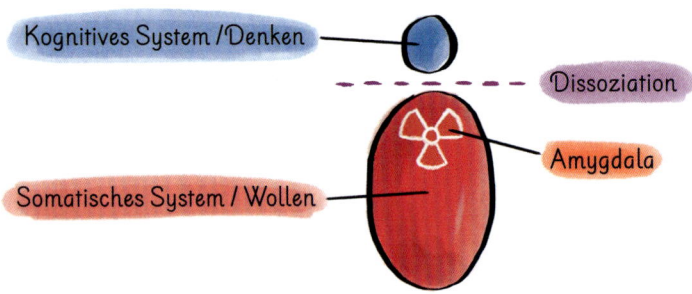

Damit sinkt unsere Problemlösungskompetenz, und der Stress wird immer größer. Ein Teufelskreis. Je länger wir darin gefangen sind, desto stärker verankert sich dieses System in unserem Gehirn *(Neuroplastizität)*.

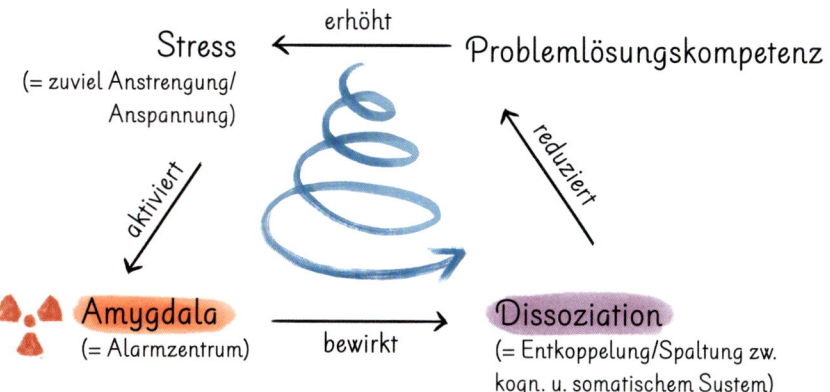

Stress
(= zuviel Anstrengung/
Anspannung)

erhöht

Problemlösungskompetenz

aktiviert

reduziert

Amygdala
(= Alarmzentrum)

bewirkt

Dissoziation
(= Entkoppelung/Spaltung zw. kogn. u. somatischem System)

Integration durch wache Zuwendung

Wenn wir unsere Aufmerksamkeit wohlwollend und wertfrei auf den gegenwärtigen Moment richten, zum Beispiel durchs Fokussieren auf den Atem oder unsere Körperwahrnehmung, dann aktiviert das den präfrontalen Cortex, die Insula und andere Regionen, die zusammen das sensorische System bilden. Denken und Wollen bekommen wieder eine Gesprächsbasis.

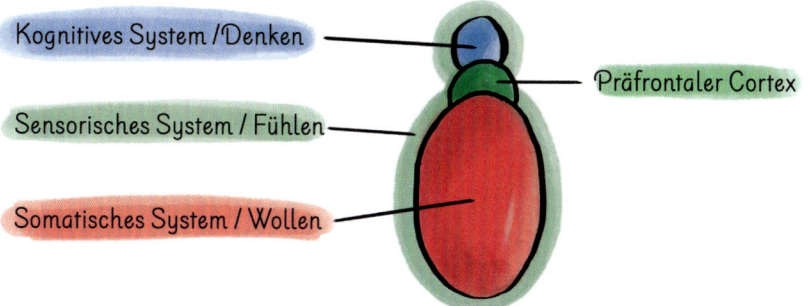

Kognitives System / Denken

Präfrontaler Cortex

Sensorisches System / Fühlen

Somatisches System / Wollen

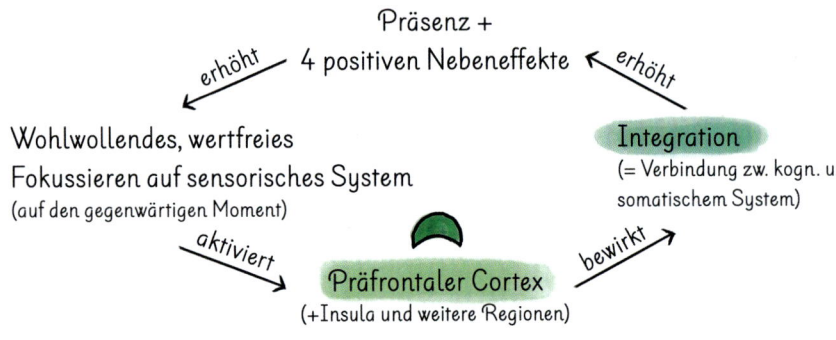

Die Integration zwischen beiden fördert Kompetenzen wie Fokus, Resilienz, Kreativität und Empathie.

Das wiederum hilft uns dabei, mit unserer Aufmerksamkeit leichter und unverkrampfter im gegenwärtigen Moment zu sein. Insbesondere unsere Selbst-Empathie ist wichtig, wenn wir längerfristig an der Achtsamkeit dranbleiben wollen. Eine innere Haltung von Wohlwollen und stiller Freude ist für unsere Motivation und unsere Neuroplastizität förderlicher als verbissene Selbstdisziplin mit dem Ziel der Selbstoptimierung.

Aus dem Zusammenspiel dieser Kompetenzen entwickelt sich unsere persönliche Präsenz.

Wie im Inneren, so im Äußeren

All diese Grundprinzipien gelten nicht nur für unsere interne Beziehung mit uns selbst, sondern auch im Äußeren: Wir können unliebsame Signale, Symptome und missliebige Perspektiven im Team verdrängen. Das schädigt die Kooperationsfähigkeit (Ineffizienzen entstehen, wichtige Informationen bleiben unberücksichtigt, das Signalsystem verkümmert), und die Kooperationsbereitschaft (Motivation, Zusammenhalt, Vertrauen) geht verloren.

Wir können diese Perspektiven aber auch integrieren, indem wir

- uns nicht ausschließlich kognitiv begegnen, sondern auch Fühlen und Wollen einen Raum geben,
- die Wahrnehmungsfähigkeit im Team stärken, was Signale und Symptome der Einzelnen betrifft (bei den Einzelnen genauso wie aus der Zusammenarbeit im Team oder mit Kunden et cetera),
- die Offenheit fördern, diese Signale in einem konstruktiven und sicheren Rahmen in den Austausch zu bringen,
- das mit innerer Ruhe, Einfühlungsvermögen und Humor tun,
- auch in Turbulenzen in unserer Mitte und in Beziehung mit unseren Gesprächspartnern bleiben.

Achtsamkeit ist lernbar, aber braucht konsequente Übung

Das alles ist für die meisten Menschen logisch einsichtig. Es kann im Alltag eingesetzt werden, ist aber anspruchsvoll und erfordert die Aktivität von Hirnregionen, die wir trainieren müssen, bevor sie in der Praxis immer mehr zur Verfügung stehen. Der Trainingsplan impliziert formale Praxis, Übung im Alltag und ein zusehends achtsameres Leben.

1. **M** oment!

2. **I** nnenschau (Signale aus dem Somatischen?)

3. **N** eue und kreative Optionen

4. **D** ialogische Entscheidung (im inneren Team)

F ormale Praxis

+ **U** ebung im Alltag (= informelle Praxis)

+ **L** eben!

Anleitungen

Wenn du noch am Anfang deiner Praxis stehst, dann lass dich gern von unseren Meditationsvideos leiten, die du auf unserer Website www.mindfulleadership.at unter »Virtual Center« findest. Wenn du schon etwas geübter bist, lass dich von Meditationen wichtiger Weisheitslehrer inspirieren. Einige davon findest du auf den nächsten Seiten.

Übungsanleitung Fokus

»Für Einsteiger sehr gut
geeignete Meditation für mehr Fokus«

Komm in eine aufrechte, bequeme Haltung. Du musst deine Beine nicht im Lotussitz verknoten. Aufrecht und über ein paar Minuten gut »sitzbar« reicht. Du kannst auf einem Meditationskissen oder -bänkchen im Fersensitz oder mit gekreuzten Beinen sitzen. Aber auch das Sitzen auf einem Stuhl ist genauso gut.

Wenn es angenehm ist, dann schließe die Augen, oder du lässt den Blick zwei bis drei Meter vor dir auf dem Boden ruhen, ohne aktiv zu schauen.

Bringe deine Aufmerksamkeit zum natürlichen Rhythmus deines Atems. Lass dich nieder auf den Wellen der Atmung – so wie sich ein Schiff auf den Wogen des Meeres. Wo kannst du den Atem jetzt gerade gut fühlen? Zum Beispiel an den Nase, wo die Atemluft kühl einströmt und etwas wärmer ausströmt. Oder an der Brust oder Bauchdecke, die sich mit der Atmung heben und senken. Spüre hin, wo es dir heute leichtfällt, die Atmung zu beobachten. Bleib mit deinem Bewusstsein bei diesem Bereich.

Dein Geist wird ganz unvermeidlich abschweifen. Das ist völlig normal. Kritisiere dich nicht, ärgere dich nicht. Bemerke es einfach, und dann lenke den Fokus freundlich zurück zum Ankerpunkt deiner Aufmerksamkeit. Versuche dies für einige Minuten.

»Weisheitslehrer-inspirierte Meditation für mehr Fokus«

James Baraz ist ein Gründungslehrer des Spirit Rock Meditation Center. James startete das Community-Dharma-Leader-Programm, das Kalyana Mitta Network, half bei der Entwicklung des Heavenly-Messengers-Training-Programm und ist lehrender Berater für das Spirit-Rock-Family-Programm. Er leitet seit 2003 den Online-Kurs Awakening Joy. In den letzten Jahren hat er sich, wie er Johannes in einem der regelmäßigen Gespräche erzählte, auf Dharma und Klimawandel konzentriert und ist Berater der One Earth Sangha, einer Website, die sich mit buddhistischen Reaktionen auf den Klimawandel beschäftigt. Hier eine von James inspirierte Meditation:

Setz dich so hin, dass du ruhig und wachsam sein kannst. Lass sich ein Gefühl der Unbeschwertheit und Empfänglichkeit in deinem Körper und Geist ausbreiten. Lass alle Anspannungen locker werden, dein Gesicht, deine Augen, deinen Kiefer, deinen Nacken sowie deine Schultern, deine Brust, deinen Rumpf und deinen Bauch. Lass die Entspannung durch dein Becken durch deine Beine nach unten wandern. Vielleicht ist es für dich hilfreich, leicht zu lächeln. Dadurch kannst du etwas Raum im Geist schaffen.

Konzentriere dich nun auf deinen Atem. Atme eine erleichternde Energie ein, die deinen ganzen Körper, deinen Geist ausfüllt. Spüre beim Ausatmen ein Gefühl der Unbeschwertheit und Befreiung.

Lass nun deinen Atem seinem natürlichen Rhythmus folgen. Wenn deine Aufmerksamkeit abschweift, verloren geht, bring sie sanft auf den Atem zurück. Bleib sitzen, und nimm deinen Atem bewusst wahr.

Eine kleine Hilfestellung aus dem Buddhismus könnte nützlich sein. Probiere sie aus. Flüstere beim Einatmen im Geiste leise: »Ein.« Und wenn du ausatmest: »Aus.« Falls du die Worte als Ablenkung empfindest, lass sie los.

Wenn dein Geist zu wandern beginnt, verurteile das nicht. Lade deine Aufmerksamkeit sanft und geduldig ein zurückzukommen, und starte erneut. Sitze und nimm deinen Atem bewusst wahr.

Nun kannst du mit der Meditation beginnen. Befrei dich von allem, was bis jetzt passiert ist, beginne neu. Sitze hier, und sei dir bewusst, dass dein Atem fließt.

Übungsanleitung Kreativität

»Für Einsteiger sehr gut geeignete
Meditation für mehr Kreativität«

Die nächste Übung zeigt, dass Achtsamkeit nicht zwingend klassische Meditation ist. Es gibt zahlreiche beeindruckende Studien, die belegen, dass nur zwei bis vier Minuten Schreiben täglich das körperliche und psychische Wohlbefinden enorm verbessern können. Dabei muss es kein Roman oder Gedicht sein. Es reicht, wenn du einfach alle Gedanken und Gefühle frei aufs Blatt fließen lässt.

Such dir einen Ort, an dem du ungestört bist. Leg dir ein Blatt Papier oder ein Notizbuch zurecht und einen Stift, mit dem du gern schreibst. Stell dir den Wecker zwischen zwei und fünfzehn Minuten. Dann nimm zwei, drei tiefe Atemzüge, und richte dein Bewusstsein nach innen. Öffne dich für alles, was da auftaucht. Es muss weder klug klingen noch sein. Nur du wirst es lesen.

Damit es dir nicht geht wie dem Autor vor dem gefürchteten weißen Blatt Papier, bieten sich drei Satzanfänge an, zum Beispiel: »Heute hat mich geärgert, dass …«, »Heute habe ich mich gefreut, dass …« oder »Jetzt gerade empfinde ich …«.

Wir empfehlen dir, den Stift nicht ruhen zu lassen, bis die Zeit um ist. Wenn dir gerade nichts einfällt, dann schreibe einfach: »Mir fällt nichts ein. Ich weiß nicht, worüber ich schreiben soll …« Irgendwann wird wieder etwas anderes in dir auftauchen.

Nach einer Weile wird es dir immer leichter fallen, die Worte einfach fließen zu lassen. Du wirst dich so sehr viel besser kennenlernen, und manches wird sich beim Schreiben ordnen oder klären. Besonders eindrücklich ist, dass es meist Gedanken sind, die wir bewusst gar nicht »gedacht« haben. Lass dich also einfach mal von dir selbst überraschen.

»Weisheitslehrer-inspirierte Meditation für mehr Kreativität«

Jon Kabat-Zinn ist Professor emeritus für Medizin an der University of Massachusetts Medical School und Begründer des Center for Mindfulness in Medicine, Health Care, and Society. Durch die Entwicklung seines weltweit bekannten Achtsamkeitsprogramms MBSR (Mindfulness-Based Stress Reduction) wird er von vielen als »Begründer der modernen Achtsamkeit« bezeichnet. In MBSR kombinierte Kabat-Zinn wissenschaftliche Erkenntnisse und seine aus Zen, Buddhismus und Yoga gewonnenen Erfahrungen und schuf damit einen entscheidenden Meilenstein für die weltweite Achtsamkeitsbewegung. MBSR ist wissenschaftlich hervorragend validiert und kommt heute in Krankenhäusern, Schulen, Unternehmen, Gefängnissen und Profisportverbänden auf der ganzen Welt zur Anwendung. Jon ist Autor zahlreicher Bestseller, die in mehr als dreißig Sprachen übersetzt wurden. Hier eine von Jon inspirierte Meditation, die er auch bei seinem wunderbaren Retreat bei uns in Salzburg anleitete:

Stell dir den schönsten Berg vor, den du kennst, von dem du gehört hast oder den sich deine Fantasie ausmalen kann. Nimm seine imposante Form wahr, den emporragenden Gipfel, die schroffen Steilhänge, den schmalen Grat oder die flacher werdenden Ausläufe. Wie immer dein Gipfel aussieht – halt inne, sitze und lass deinen Atem fließen mit diesem Berg vor deinem geistigen Auge im Hier und Jetzt. Atme mit dem Berg, und lass deinen Körper so mächtig werden wie der »Körper« deines Berges. Verschmelze mit dem Berg. Dein Kopf formt den emporragenden Gipfel, deine Schultern und Arme werden zu den Flanken, aus deinem Gesäß und deinen Beinen wird das feste Fundament des Berges.

Du bist nun einzig und allein ein atmender Berg, der bewegungslos und unbeirrt in der Stille von Körper und Geist ruht. Für alle Zeiten bleibt der Berg in unbeirrbarer Stille, während sich Sonne und Mond am Horizont abwechseln, während sich Licht und Schatten, die Farben und das Wetter wandeln. Der Berg ist einfach nur da, der Berg ist einfach nur er selbst.

Der Winter wird zum Frühling, zum Sommer und Herbst, Regen folgt auf Schnee und Sonnenschein, der Berg bleibt, wie er ist. Unerschütterlich verharrt er, unerschütterlich durch flüchtige Ereignisse, unerschütterlich durch die vielen Veränderungen. Mit diesem Gefühl der Ruhe und mit dem Bild des unerschütterlichen Berges vor unserem inneren Auge sind wir in der Lage, den Veränderungen in unserem Leben genauso unerschütterlich und mit der gleichen Ruhe entgegenzutreten, wir können wie der Berg ein solides, fest verankertes Fundament ausbilden.

In unserem alltäglichen Leben, aber auch in der Meditation sehen wir uns immer wieder den Veränderungen unseres Geistes, unseres Körpers und unserer Umwelt gegenüber. Gewitterfronten, gewaltige, aber auch leichtere, ziehen in unserem Inneren und im Äußeren auf. Tosende Winde reißen an uns, Regen und Schnee prasseln auf uns ein. Wir müssen durch Dunkelheit und leidvolle Zeiten gehen, aber wir dürfen auch überwältigende Freude und Momente puren Glücks genießen.

Wir können die Kraft und Festigkeit des Berges auf uns übertragen, indem wir in der Meditation eins mit dem Berg werden. Der Berg gibt uns die Energie dafür, jedem Moment achtsam, bedacht und präsent entgegenzutreten. Hier ist es vielleicht hilfreich, sich vorzustellen, dass unsere Sorgen, Gedanken, Gefühle, Ängste und Krisen nichts anderes sind als das wechselnde Wetter, dem der Berg ausgesetzt ist.

Wir haben die Tendenz, alles auf uns persönlich zu beziehen, und doch zeichnen sich all diese Geschehnisse ja gerade durch ihre Unpersönlichkeit aus. Wir können die Wetterkapriolen in unserem Leben nicht außer Acht lassen und dürfen sie nicht verleugnen. Wenn wir sie überleben wollen, müssen wir ihnen entgegentreten, sie respektieren, spüren und bewusst als das annehmen, was sie sind.

So können wir inmitten aller Stürme eine innere Ruhe, Stille und Weisheit bewahren – weit tiefer, als wir sie für möglich erachtet hätten.

Übungsanleitungen Fokus, Vitalität und Resilienz

*»Für Einsteiger sehr gut geeignete
Meditation für mehr Vitalität«*

Finde im Sitzen oder Liegen eine möglichst bequeme Haltung. Wenn es angenehm ist, schließe dabei die Augen. Sonst senke den Blick oder richte ihn an die Decke.

Dann lenke die Aufmerksamkeit auf die Empfindungen deines Körpers. Nimm einfach wahr, was du jetzt in den verschiedenen Bereichen deines Körpers spüren kannst. Vielleicht sind da Wärme oder Kälte, du spürst den Kontakt zum Boden oder der Kleidung, ein Kribbeln oder auch Taubheit. Und wenn du nichts wahrnehmen kannst, ist es genauso gut. Es gibt kein »Gut« oder »Schlecht« – alles darf so sein, wie es ist.

Beginne bei den Füßen, und dann wandere allmählich nach oben – zu deinen Unterschenkeln, Knien, Oberschenkeln, der Hüfte, dem Rücken und dem Bauch, über die Schultern hinein in die Arme und Hände und schließlich zum Kopf. Verweile jeweils für einige Augenblicke an einem Ort. Wie fühlen sich zum Beispiel deine Schultern jetzt gerade an?

Versuche, alles so sein zu lassen, wie es ist. Wenn unangenehme Empfindungen auftauchen, versuche, auch damit einen Moment lang zu sein – ohne sofort in Widerstand zu gehen oder ein Urteil zu fällen. Wenn es zu schwierig wird, gib dir die Erlaubnis, zu einem anderen Körperteil weiterzuwandern.

Wenn du den Bodyscan abgeschlossen hast, dann bringe langsam und sanft wieder Bewegung in deinen Körper, zum Beispiel indem du mit den Zehen und Fingern wackelst oder dich genüsslich räkelst.

»Weisheitslehrer-inspirierte Meditation für mehr Vitalität«

Tara Brach ist klinische Psychologin und eine der weltweit führenden westlichen Lehrerinnen in buddhistischer Meditation. Mit ihren Büchern und Retreats begeistert sie Menschen weltweit. Sie ist Gründerin der Insight Meditation Community of Washington und enge Vertraute von Jack Kornfield. Folgende Meditation ist von ihrer Arbeit inspiriert:

Nimm dir ein paar Minuten Zeit, und setze dich an einen ruhigen Ort. Rufe dir Momente in Erinnerung, in denen du vollständig konzentriert und präsent bist. Das kann zum Beispiel während des Kochens, des Joggens oder des Fußballspielens sein, wenn du ins Arbeiten oder Zeichnen vertieft bist, wenn du einem Freund zuhörst oder wenn du dich der Liebe hingibst. Visualisiere, wie es sich anfühlt, wenn du ganz fokussiert und nicht abgelenkt bist, wenn andere Zeiten und Orte nicht wichtig sind und du im Hier und Jetzt bist. Spüre das Gefühl der Ganzheit, die Aufmerksamkeit, die Konzentration und die völlige Absorption. Spüre, wie erfüllend das für dein Herz und deinen Geist ist.

Besinne dich auf die natürliche Unbeschwertheit und das Wohlgefühl.

Stell dir jetzt vor, den gleichen Fokus, diese Art der Absorption und diese Freude beim Meditieren zu erleben und es zu genießen. Probiere es gern aus.

Sei ganz entspannt und aufmerksam. Setz dich so hin, dass du dich konzentrieren kannst und es gleichzeitig bequem für dich ist. Wähle dann eine einfache Meditationsart. Fokussiere dich zum Beispiel sanft auf deinen Atem, und zähle ihn oder wiederhole ein Mantra: einatmend »Ruhiges Gemüt« und ausatmend »Gütiges Herz«. Wiederhole dies mehrere Male, und bring deine Konzentration sanft auf deine Meditation.

Während der Übung wirst du bemerken, dass dein Geist wandert und Ablenkungen auftauchen, ganz wie Meereswogen, die versuchen, deine Konzentration zu umspülen. Lass jede Ablenkung behutsam los wie eine Welle, die zurück ins Meer fließt. Wiederhole dein Mantra oder das Atmen beständig. Lass ein Lächeln deinen Mund umspielen wie ein Buddha, um das Gefühl der Freude zu unterstützen.

Spüre, wie sich dein Geist beruhigt. Manchmal hält die Konzentration nur für eine kurze Zeit, eine Minute, dann wieder fünf oder zehn Minuten. Wann immer du für zehn Sekunden beruhigt oder konzentriert warst, spüre in deinen Körper hinein, und vernimm die Leichtigkeit und Freude, die sich dort sanft ausbreiten. Versuche wieder und wieder, diese beginnende Konzentration zu erspüren. Entspanne dich, ruhe in ihr, und lade sie zum Anschwellen ein, ganz als ob du zu dir sagen würdest: »Nimm gern zu, nimm an Freude zu, nimm an Beständigkeit zu.« So wirst du Schritt für Schritt die Kunst der Konzentration und des Loslassens erlernen und dich mit Beständigkeit und Freude beschenken.

Übungsanleitungen Mitgefühl

»Für Einsteiger sehr gut geeignete
Meditation für mehr Mitgefühl«

Komm für ein paar Minuten bei dir selbst an. Fokussiere dich dazu zum Beispiel auf deinen Atem. Lass vor deinem inneren Auge einen Menschen erscheinen, den du sehr magst.

Lass den Fokus deiner Aufmerksamkeit weit und weich werden, bis er deinen ganzen Körper und dein Gegenüber einschließt. Öffne jetzt deine inneren Augen, und schau diesen Menschen aufmerksam an.

Lass Gemeinsamkeiten mit diesem Menschen in dir auftauchen, und lass dich jeweils darauf ein, welche Bilder, Emotionen und Körperwahrnehmungen sie hervorrufen. Nutze dazu, wenn du magst, die folgenden Formulierungen:

»Mir gegenüber sitzt ein Mensch …

… mit so vielen einzigartigen Fähigkeiten, Talenten und unschätzbar wertvollen Eigenschaften. Genau wie ich.

… der neben all dem Schönen auch seine Schattenseiten hat. Seine kleineren und größeren Einschränkungen. Und in mancher Hinsicht einen ziemlichen Vogel. Genau wie ich.

… der in seinem Leben Krankheit erlebt hat und Einsamkeit. Der immer wieder an schmerzhafte Grenzen gestoßen ist. Manchmal vor Verzweiflung nicht ein und aus gewusst hat. Genau wie ich.

… der immer wieder seinen ganzen Mut zusammengenommen hat. Abenteuer erlebt hat und über sich hinausgewachsen ist. Genau wie ich.

… der eines Tages sterben wird. Genau wie ich.

… der sich so sehr danach sehnt, gesehen und geliebt zu werden. Und Liebe zu schenken. Genau wie ich.«

Lass diesem Menschen jetzt deine guten Wünsche zukommen. Nutze dazu, wenn du magst, die folgenden Formulierungen:

»Möge dieser Mensch …

… glücklich sein.

… frei sein von unnötigem Leid und vermeidbarer Krankheit.

… immer mehr den Mut finden, der zu sein, der er in dieser Welt sein kann, und sein Licht leuchten zu lassen.

Möge dieser Mensch glücklich sein. Mögen wir alle glücklich sein.«

Bleibe ein paar Minuten in diesem Gefühl.

»Weisheitslehrer-inspirierte Meditation für mehr Mitgefühl«

Jack Kornfield ist einer der bekanntesten buddhistischen Lehrer, klinischer Psychologe und international anerkannter Autor. Während und nach seiner Arbeit bei den Friedenskorps im Mekong-Tal wurde er als buddhistischer Mönch in den Klöstern von Thailand, Indien und Burma ausgebildet. Nach seiner Rückkehr in die Vereinigten Staaten gründete Jack zusammen mit den Meditationslehrern Sharon Salzberg und Joseph Goldstein die Insight Meditation Society in Barre, Massachusetts, und das Spirit Rock Center in Woodacre, Kalifornien. Seit 1974 lehrt er Meditation und ist einer der wichtigsten westlichen Lehrer für buddhistische Achtsamkeitspraxis.

Setz dich für die Vergebungsmeditation bequem hin, schließ deine Augen, und lass deinen Atem frei und natürlich fließen. Entspanne deinen Körper und deinen Geist. Lass dein Atmen sanft in deine Herzregion fließen. Spüre in dich hinein, und fühle alle Barrieren, die du aufgebaut hast. Alle Gefühle, die sich aufgestaut haben, weil du nicht vergeben hast – nicht dir selbst und nicht anderen. Spüre den Schmerz und das Leid, das dein Herz verschlossen hält. Atme sanft ein und aus, und fange an, um Vergebung zu bitten. Wiederhole dabei die folgenden Worte. Lass die Gefühle und Bilder, die dabei entstehen, mit jeder Wiederholung intensiver und tiefer werden.

Vergebung durch andere. Sage dir: »Ich habe andere auf vielerlei Arten verletzt, ich habe manche Personen betrogen oder im Stich gelassen. Ich habe Menschen bewusst oder unbewusst durch mein Leiden, meine Angst, meine Wut und meine Verwirrung verletzt.« Erinnere dich an diese Begebenheiten, und visualisiere sie. Fühle dich in den Schmerz hinein, der aus deiner Angst und Verwirrung für andere entstanden ist. Spüre deinen eigenen Schmerz, und bereue dein Verhalten. Erlaube dir, dich nun von dieser Last zu befreien, und bitte um Vergebung. Geh nun weiter, und stell dir weitere solche Situationen vor, die dir auf dem Herzen liegen. Wiederhole für jede Person innerlich den Satz: »Ich bitte dich um Vergebung, ich bitte dich um Vergebung.«

»Zurück zur Natur *ist nicht nur ein Slogan.
Dahinter steckt ein tiefes Bedürfnis vieler Menschen,
wieder mit dem Umgreifenden, dem Urgrund der
Existenz, verbunden zu sein.*«
Hartmut Rosa

Buchtipps

Yates, Culadasa John (2017): Handbuch Meditation
Wenn wir wirklich interessierten Menschen nur ein einziges Buch zum Thema »Achtsamkeit« empfehlen müssten, dann wäre es dieses universale Standardwerk. Das Buch ist anspruchsvoll. Es enthält spürbar die Tiefe, Weisheit und Präzision eines Menschen, der sowohl als Neurowissenschaftler an verschiedenen Universitäten gelehrt, sich ausführlich mit den alten Schriften verschiedener Traditionen auseinandergesetzt und selbst über vierzig Jahre intensive Meditationspraxis gesammelt hat. John Yates beschreibt einen Weg über sieben Stufen, der jedem offensteht, der bereit ist, zumindest sieben Jahre lang eine Stunde täglich in seine Meditationspraxis zu investieren. Das ist ein ordentliches Pensum und ein langer Zeitraum. Wer dazu bereit ist, findet in diesem Buch Schritt für Schritt sorgfältige, anschauliche und lebenspraktische Anleitungen, die ein radikales Kontrastprogramm zum stagnierenden Dahindümpeln in der immer gleichen Achtsamkeitsroutine bieten.

Goleman, Daniel, Davidson, Richard (2018): The Science of Meditation: How to Change Your Brain, Mind and Body
Die Harvard-Kollegen Daniel Goleman und Richard Davidson zeichnen ein faszinierendes Bild vom aktuellsten Stand der Wissenschaft und dazu, wie wir über die Zeit unser ganzes Leben verändern können, indem wir unsere neuronalen Netzwerke verändern. Die beiden räumen mit einer Reihe verbreiteter Irrtümer auf und zeigen, was verschiedene Meditationsrichtungen – Teile der europäischen Tradition, der indischen, tibetischen und der Zen-buddhistischen – gemeinsam haben und worin sie sich auch unterscheiden, in Bezug auf ihre Ziele, Techniken und Effekte. Dazu kommen noch Befunde zu einigen neueren, ans

moderne Leben angepassten Meditationstechniken. Egal, ob du Neueinsteiger bist oder schon viele Jahre Achtsamkeitspraxis auf dem Buckel hast, das Buch hält viele spannende Einblicke, Zusammenhänge und Anregungen für dich bereit.

Bailey, Chris (2016): The Productivity Project: Proven Ways to Become More Awesome
Ein Jahr lang hat Chris Bailey alles ausprobiert, um herauszufinden, was genau es ist, was Menschen produktiver macht. Er erzählt in seinem Buch, wie er damit experimentierte, mehrere Wochen lang wenig oder gar nicht zu schlafen, auf Koffein und Zucker völlig zu verzichten, täglich eine lange Mittagspause zu halten, zehn Tage lang in völliger Isolation zu verbringen, seine Arbeitswoche auf neunzig Stunden anzuheben und jeden Morgen um halb sechs aufzustehen. Was er auf diesem wilden Experiment lernte und welche verblüffenden Erkenntnisse er daraus gezogen hat, beschreibt er auf unterhaltsame und anschauliche Weise in seinem Buch. Ein sehr leichter und unterhaltsamer Leitfaden mit »Best Practices« des Autors wie dem Einplanen von weniger Zeit für wichtige Aufgaben, die Zwanzig-Sekunden-Regel, um sich von Ablenkungen abzulenken, und sein Konzept des produktiven Zögerns, die uns helfen, mehr in unserem Leben zu erreichen.

Eyal, Nir (2019): Die Kunst, sich nicht ablenken zu lassen: Indistractable – Werden Sie unablenkbar
Der Bestsellerautor beschreibt in seinem neuesten Werk, dass es noch nie so viele Ablenkungen gegeben hat wie in unserer Zeit. Egal, ob es störende Einflüsse von außen sind oder auch unser innerer Kampf durch die ständige Erreichbarkeit und Möglichkeit der Informationsbeschaffung. Wir können uns kaum noch über längere Zeit hinweg auf etwas konzentrieren. Dies möchte Nir Eyal mit seinem Werk ändern. Er zeigt auf, was hinter unseren Ablenkungen steckt und wie wir unsere Zeit und Aufmerk-

samkeit wieder besser organisieren und nutzen können. Ein toll angeleitetes Buch mit Tipps, die man schnell in die Realität umsetzen kann.

Fogg, Brian J. (2019): Tiny Habits. The Small Changes That Change Everything
Egal, um welche Vorsätze es geht, die vom Gründervater der Gewohnheitsforschung Brian J. Fogg entwickelte Tiny-Habits-Methode kann man auf alle Ziele, die man verfolgt, anwenden. Ein tolles Buch, das man sowohl für die eigene Achtsamkeitspraxis als auch für jede andere Gewohnheit, die man etablieren möchte, einsetzen kann. Der Autor beschreibt, wie man jede Gewohnheit auf so unbemerkte und natürliche Weise in das eigene Leben einbauen kann, dass sie sich von selbst entwickeln kann. Ein zugleich brillantes und praktisch anzuwendendes Buch mit wissenschaftlichem Blick auf das Thema »Habit Formation«. Derzeit nur auf Englisch, wir warten noch voller Freude auf eine deutsche Version.

Hamelmann, Ute, und Hesse, Martina (2021): Unsere Zeit ist jetzt! Das Actionbook für Frauen, die anders leben und arbeiten wollen
Ute Hamelmann und Martina Hesse haben mit ihrem Werk ein wahres Actionbook verfasst. Tipps und Tricks aus den Bereichen Schauspiel und Innovationsmanagement werden eingesetzt, um Handlungsschritte aufzuzeigen, die einfach umsetzbar sind, aber dennoch eine große Wirkung erzeugen. Ein tolles Buch für alle Powerfrauen oder solche, die es noch werden wollen! Das Buch besticht auch durch den abwechslungsreichen Aufbau aus Texten, gelungenen Cartoons und Illustrationen sowie nützlichen Checklisten.

Hanson, Rick (2017): Das Gehirn eines Buddha: Die angewandte Neurowissenschaft von Glück, Liebe und Weisheit

Ein angenehm zu lesendes, wissenschaftlich fundiertes Buch, mit dem wir lernen können, die Strukturen unseres Gehirns durch unser Denken zu unserem Vorteil zu formen. Die Kernaussage des Autors lautet: »Indem wir unser Gehirn verändern können, können wir unser Leben ändern.« Der amerikanische Neurologe Dr. Rick Hanson forscht bereits seit Jahren über Techniken aus den Bereichen Achtsamkeit, Neurowissenschaft und Psychologie und fasst die Erkenntnisse seiner Arbeit eindrucksvoll in diesem Buch zusammen.

Hüther, Gerald (2020): Wege aus der Angst. Über die Kunst, die Unvorhersehbarkeit des Lebens anzunehmen

Das Buch beschreibt den Zwiespalt der Angst sehr gut. Einerseits spielt Angst in unserem Leben eine wichtige und schützende Rolle, da sie uns vor Gefahren warnt und vor Fehlern bewahrt. Auf der anderen Seite wünschen wir uns nichts mehr als ein stress- und angstfreies Leben. Der Neurobiologe Gerald Hüther zeigt in seinem Buch, wie wir das Verstärken und die Regulierung von Angstgefühlen gezielt für die Erreichung unserer Ziele und Wünsche einsetzen können. Außerdem erklärt er, wie wir uns davor schützen können, durch die bewusste Angstmache bestimmter Organisationen gesteuert zu werden. Ein wichtiges und tolles Buch in diesen turbulenten Zeiten.

Anmerkungen

Achtsamkeit –
was ist das, und was bringt das?

1 Killingsworth, M. A., und Gilbert, D. T. (2010): »A Wandering Mind Is an Unhappy Mind«, *Science* 330 (6006), S. 932.

2 Niemiec, R. M. (2013): »Top 10 Things Most People Don't Know About Mindfulness«, *Psychology Today*, 18.6.2013, https://www.psychologytoday.com/us/blog/what-matters-most/201306/top-10-things-most-people-don-t-know-about-mindfulness (abgerufen am 12.03.2021).

3 »The Good Body«, Meditation Facts, 18.8.2019, https://www.thegoodbody.com/meditation-facts/ (abgerufen am 11.02.2021).

4 Cramer, H. (2019): »Meditation in Germany: A Nationally Representative Survey«, *Complementary Medical Research* 26 (6), S. 382–389.

5 Singer, T., und Engert, V. (2019): »It matters what you practice: Differential training effects on subjective experience, behavior, brain and body in the ReSource Project«, *Current Opinions in Psychology*, 28, S. 151–158.

6 Baas, M., Nevicka, B., und Ten Velden, F. S. (2020): »When paying attention pays off: the mindfulness skill act with awareness promotes creative idea generation in groups«, *European Journal of Work and Organizational Psychology* 29 (4), S. 619–632.

7 Rosa, H. (2019): »Das Leben als einzige, ausufernde To-do-Liste« (Soziologe erklärt, wie Sie den Alltagsstress besser bewältigen), https://www.stern.de/gesundheit/psychologie/resonanz--so-kommen-wir-im-alltag-wieder-ins-gleichgewicht-8850964.html (abgerufen am 13.3.2021).

8 Narbeshuber, E. und J. (2019): *Mindful Leader*, München: O. W. Barth.

9 Eyal, N. (2019): *Die Kunst, sich nicht ablenken zu lassen: Indistractable – Werden Sie unablenkbar*, München: Redline.

10 Gentner, A. (2020): *Gobal Mobile Consumer Survey. Ausgewählte Ergebnisse für den deutschen Mobilfunkmarkt*, Deloitte, https://www2.deloitte.com/content/dam/Deloitte/de/Documents/technology-media-telecommunications/Global_Mobile_Consumer_Survey_0119_Deloitte_Deutschland.pdf (abgerufen am 27.4.2021).

11 Aiken, M. (2016): *The Cyber Effect. A Pioneering Cyberpsychologist Explains How Human Behavior Changes Online*, New York: Spiegel & Grau.

12 Eyal, a. a. O.

13 Hufnagl, B. (2017): *Besser fix als fertig. Hirngerecht arbeiten in der Welt des Multitasking*, Wien: Molden.

14 Sales, N. J. (2016): *American Girls. Social Media and the Secret Lives of Teenagers*, New York: Knopf.

15 Alter, A. (2018): *Unwiderstehlich. Der Aufstieg suchterzeugender Technologien und das Geschäft mit unserer Abhängigkeit*, Berlin: Berlin Verlag.

16 Steiner-Adair, C. (2013): *The Big Disconnect. Protecting Childhood and Family Relationships in the Digital Age*, New York: Harper.

Die Grundlagen für dieses Buch

1 Pöppel, E. (2008): *Zum Entscheiden geboren. Hirnforschung für Manager*, München: Carl Hanser.

2 Cramer, a. a. O.

Formale Praxis

1 Fogg, B. J. (2019): *Tiny Habits. The Small Changes That Change Everything*, Boston: Houghton Mifflin Harcourt.

2 Rand, M., Goyder, E., Norman, P., und Womack, R. (2020): »Why do new members stop attending health and fitness venues? The importance of developing frequent and stable attendance behaviour«, *Psychology of Sport and Exercise* 51, 101771.

Achtsamkeitstraining = formale Praxis × Übung im Alltag × Leben

1 Bailey, C. (2016): *The Productivity Project. Proven Ways to Become More Awesome*, New York: Crown Business.

2 Madore, K. P., et al. (2020): »Memory failure predicted by attention lapsing and media multitasking«, 28. 10. 2020, https://www.nature.com/articles/s41586–020–2870-z (abgerufen am 25. 2. 2021).

3 Hamelmann, U., und Hesse, M. (2021): *Unsere Zeit ist jetzt! Das Actionbook für Frauen, die anders leben und arbeiten wollen*, Hamburg: Murmann Publishers, S. 183.

4 Klimecki, O. M., Leiberg, S., Ricard, M., und Singer, T. (2014): »Differential Pattern of Functional Brain Plasticity after Compassion and Empathy Training«, *Social Cognitive and Affective Neuroscience* 9 (6), S. 873–879.

5 Ricard, M. (2017): Allumfassende Nächstenliebe. ALTRUISMUS – die Ant-

wort auf die Herausforderungen unserer Zeit, Hamburg: Edition Blumenau.

6 Luders, E., Cherubin, N., und Kurth, F. (2015): »Forever Young(er): potential age-defying effects of long-term meditation on gray matter atrophy«, *Frontiers in Psychology*, 5, 1551.

7 Eyal, a. a. O.

8 Bailey, a. a. O.

9 Nehrenheim, D. (2017): »Selbstdisziplin – Warum du mehr Willenskraft hast, als du dir zutraust«, 14. 2. 2017, http://ubermind.de/selbstdisziplin-lernen/ (abgerufen am 10. 03. 2021).

10 Hölzel, B. K. (2017): »Die Neurowissenschaft der Achtsamkeit«, Präsentation vorgetragen im Lehrgang für Mindfulness in Organisationen, Salzburg.

11 Deppe, K., und Nickels, L. (2020): »Humor und Psyche«, 25. 10. 2020, https://www.planet-wissen.de/gesellschaft/psychologie/lachen/pwiehumorundpsyche100.html (abgerufen am 27. 12. 2020).

12 Leanos, S, Kürüm, E., et al. (2020): »The Impact of Learning Multiple Real-World Skills on Cognitive Abilities and Functional Independence in Healthy Older Adults«, *The Journals of Gerontology. Series B* 75 (6), S. 1155–1169.

13 Pariser, E. (2012): *Filter Bubble. Wie wir im Internet entmündigt werden*, München: Carl Hanser.

14 Soojung-Kim Pang, A., Autor, Redner und Consultant, 2020, https://www.strategy.rest/?page_id=8650 (abgerufen am 1. 3. 2021).

15 Blumenthal, J. A., et al. (1999): »Effects of exercise training on older patients with major depression«, *Archives of Internal Medicine*, 159 (19), S. 2349–2356.

16 Wolfe, A. S., Burton, H. M., Vardarli E., und Coyle, E. F. (2020): »Hourly 4-s Sprints Prevent Impairment of Postprandial Fat Metabolism from Inactivity«, *Medicine & Science in Sports & Exercise* 52 (10), S. 2262–2269.

17 Lanzke, A. (2020): »Was während des Schlafens im Gehirn geschieht«, 20. 9. 2020, https://www.forschung-und-lehre.de/forschung/was-waehrend-des-schlafes-im-gehirn-geschieht-3117/ (abgerufen am 27. 12. 2020).

18 ESC (2018): »Too much or too little sleep linked to increased risk of cardiovascular disease and death«, https://www.escardio.org/The-ESC-Press-Office/Press-releases/Too-much-or-too-little-sleep-linked-to-increased-risk-of-cardiovascular-disease-and-death (abgerufen am 27. 12. 2020).

19 Schabus, M., Hödlmoser, K., Pecherstorfer, T., und Klösch, G. (2005): »Influence of midday naps on declarative memory performance and motivation. Somnologie, 9 (3), S. 148–153.

20 Ocean, N., Howley, P., und Ensor, J. (2019): »Lettuce be happy: A longitudinal UK study on the relationship between fruit and vegetable consumption and well-being«, *Social Science & Medicine* 222, S. 335–345.

21 Vgl. zum Beispiel »Grant & Glueck Story. Study of Adult Development«, https://www.adultdevelopmentstudy.org/grantandglueckstudy (abgerufen am 27.4.2021).

22 Yu, L., und Zellmer-Bruhn, M. (2018): Introducing Team Mindfulness and Considering its Safeguard Role Against Conflict Transformation and Social Undermining«, *Academy of Management Journal* 61, S. 324–347.

23 Vgl. Doepke, M., und Brózda, M. (Interviewer): »›Meditation ist wichtig für die geistige Gesundheit‹, Interview mit dem Gehirnforscher Richard Davidson«, 23.4.2019, https://ethik-heute.org/meditation-ist-wichtig-fuer-die-geistige-gesundheit/ (abgerufen am 1.4.2021).

Von der Commitment- in die Genussphase

1 Lauper, R., und Larsen, C. (2015): *Spiraldynamik. Achtsame Körperhaltung: Liegen, sitzen, stehen, gehen – Die besten Übungen für ein neues Körperbewusstsein*, Petersberg: ViaNova.

2 Hoffmann, S. (2015): *Aufrichtig aufrecht: Körperstruktur und Bewegung – Grundlagen der Cantienica-Methode*, Göttingen: Hogrefe.

Wachstumsphase: Auf dem lebenslangen Lern- und Entwicklungsweg

1 Baraz, J., und Alexander, S. (2013): *Freude. Erfüllt und glücklich leben*, Freiburg: Herder.

Wirksam werden in der Welt

1 Hirschhausen, E. v., und Esch, T. (2018): *Die bessere Hälfte. Worauf wir uns mitten im Leben freuen können*, Hamburg: Rowohlt.

2 Hirschhausen, E. v. (2021): *Mensch, Erde! Wir könnten es so schön haben*, München: dtv.

3 Fukuoka, M. (2007): *Der Große Weg hat kein Tor. Nahrung, Anbau, Leben*, Darmstadt: Pala.

Esther und Johannes Narbeshuber

MINDFUL LEADER

Wie wir die Führung für unser Leben in die Hand nehmen und uns Gelassenheit zum Erfolg führt

Wer wünscht sich nicht, in seinem Job fokussierter und zugleich entspannter zu sein! Mit den Achtsamkeits-Tools des Mindful Leadership Instituts gelingt es, dem Umgang mit sich selbst und auch mit dem Team ein Update zu geben. Wer dem heutigen Stress und der zunehmenden Beschleunigung gewachsen sein will, braucht Achtsamkeitspraxis und Meditation zur inneren Neuausrichtung. Außerdem geben die erfahrenen Trainer Esther und Johannes Narbeshuber praktische Tipps zu »Mindful Communication«, »Mindful Meetings« und »Mindful Decision Taking« – allein und im Team.

Jon Kabat-Zinn

IM ALLTAG RUHE FINDEN

Meditationen für ein gelassenes Leben

Das Meditationsprogramm für jeden Tag

Meditieren kann man im Gehen, im Stehen und im Liegen, zu Hause und unterwegs, beim Treppensteigen und sogar beim Geschirrspülen.

Der weltbekannte Meditationslehrer Jon Kabat-Zinn bietet eine Fülle von Übungen, durch die man lernen kann, alle Situationen im Leben mit erhöhter Achtsamkeit und Ruhe zu meistern. Auf diese Weise bleibt man auch im stressigen Alltagstrubel kontinuierlich in seiner inneren Mitte, was positive Folgen für unsere geistige und körperliche Gesundheit hat.

»Für Gestresste, um Gelassenheit zu lernen.«
ma vie

KNAUR.LEBEN

Britta Hölzel, Christine Brähler

ACHTSAMKEIT MITTEN IM LEBEN

Anwendungsgebiete und wissenschaftliche Perspektiven

Die Achtsamkeitsrevolution

Immer mehr Menschen möchten Meditation und Achtsamkeit als einen zentralen Bestandteil in ihr Leben integrieren. Wie das familiäre und soziale Beziehungen beeinflussen kann, dokumentieren hier eindrucksvoll Britta Hölzel und Christine Brähler. Die Hirnforscherin und die Psychotherapeutin geben einen fundierten Überblick darüber, wie Achtsamkeit in vielen wichtigen Lebensbereichen umgesetzt werden kann. Wer selbst mehr Achtsamkeit in sein Leben bringt – etwa im Umgang mit Kollegen, Klienten, Kindern, Partnern und Freunden –, verändert auch die Gesellschaft im Ganzen.

Das Grundlagenwerk vereint einige der wichtigsten deutschsprachigen Achtsamkeitsautoren.

»Wer Achtsamkeit wirklich verstehen und in sein Leben integrieren möchte, findet in diesem Buch wissenschaftlich fundierte Erklärungen und praktische Anleitungen für die wichtigsten Lebensbereiche und -phasen.«
GesundLebenHeute